高等学校建筑学专业系列推荐教材

建筑光学

ARCHITECTURAL LIGHTING

边 宇 罗建河 著

中国建筑工业出版社

图书在版编目（CIP）数据

建筑光学 = ARCHITECTURAL LIGHTING / 边宇，罗建河著.—北京：中国建筑工业出版社，2023.9
高等学校建筑学专业系列推荐教材
ISBN 978-7-112-28989-9

I.①建… II.①边…②罗… III.①建筑光学—高等学校—教材 IV.①TU113

中国国家版本馆CIP数据核字（2023）第144561号

数字资源阅读方法：

本书提供全书图片的彩色版，读者可使用手机 / 平板电脑扫描每章前的二维码，登录后免费阅读。

若有问题，请联系客服电话：4008-188-688。

责任编辑：吴宇江　孙书妍　王　惠
责任校对：党　蕾
校对整理：董　楠

高等学校建筑学专业系列推荐教材
建筑光学
ARCHITECTURAL LIGHTING
边　宇　罗建河　著
*
中国建筑工业出版社出版、发行（北京海淀三里河路9号）
各地新华书店、建筑书店经销
北京点击世代文化传媒有限公司制版
天津安泰印刷有限公司印刷
*
开本：787毫米×1092毫米　1/16　印张：12¼　字数：289千字
2023年9月第一版　2023年9月第一次印刷
定价：**49.00**元（赠数字资源）
ISBN 978-7-112-28989-9
（41116）

Preface

前言

建筑光学是高等学校建筑学、城乡规划、风景园林等专业开设的专业课内容，既包含了开展建筑设计、城市规划、园林设计等相关工作必不可少的知识，也囊括了从事建筑学、城乡规划、风景园林等学科深层次的理论研究基础。当前，我国有超过 300 所高等院校开设了建筑光学相关的课程，其重要性不言而喻。

为了更好地传播建筑光学知识，本书着重在以下三个方面开展了工作。

首先，根据学科的发展现状更新了一部分教学内容，以确保教学内容与时俱进。其次，对所辖知识点进行了梳理，将知识点进行了归类并形成板块，确保教学工作有条不紊、循序渐进。最后，绘制了图表，也挑选了案例，确保教学表达简明扼要。

本课程将建筑光学的授课内容分为 8 个部分，即 8 章。第 1 章主要对课程进行总体介绍，包括可见光的概念、视觉的基础知识并认识一些视觉现象，最后讲解光的度量。第 2 章主要讲述材料的光学特性和色度学方面的知识，这些知识都是分析建筑光环境问题应掌握的基础知识与技能。第 3～5 章，利用 3 个课程单元讲授建筑采光的相关知识。建筑采光是建筑光学中的重要内容，所以占用了较多的篇幅。这 3 章从建筑采光的基础知识、采光的分析内容与分析方法，以及建筑采光设计的步骤和方法依次讲授建筑采光相关知识，其内容难度适中、实用性强。第 6～7 章则讲授人工照明的知识，让学生熟悉电光源、灯具以及照明设计标准、照明设计方法等。第 8 章简要介绍城市照明方面的知识点。

除授课内容之外，根据未来可能要面对的应用建筑光学知识的场合或需要测试光环境的情形，书中专门设计了 4 个实验，其实用性强、操作难易适度，而且所使用的器材均较为基础、常见。

本书的审稿人为同济大学建筑光学专家郝洛西教授。

感谢国家自然科学基金面上项目（51978277）和广东省教育厅广东省研究生教育创新计划项目（2021SFKC006）的资助。

编著者
2023 年 4 月

目录

第**1**章　建筑光学基础（上）：基本概念、视觉、光的度量

第2章 建筑光学基础（下）：材料的光学特性、颜色

第3章 建筑采光（上）：天然光的基础知识

第4章 建筑采光（中）：建筑采光分析

第5章 建筑采光（下）：建筑采光设计

第6章　人工照明（上）：电光源与灯具

第7章　人工照明（下）：照明设计

第8章 城市照明

第1章 建筑光学基础（上）：基本概念、视觉、光的度量

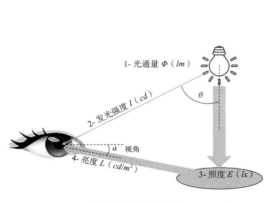

1- 光通量 Φ （ *lm* ）

θ

2- 发光强度 I （ *cd* ）

a 视角

4- 亮度 L （ *cd/m²* ）

3- 照度 E （ *lx* ）

光的度量单位示意

1.1　课程介绍

1.1.1　什么是建筑光学

建筑光学是研究天然采光和人工照明在建筑设计、城乡规划、风景园林设计中的合理利用，创造良好的光环境，满足人们工作、生活、审美和舒适健康等要求的应用科学[1-5]。

我国的建筑光学学科是在 20 世纪 50 年代后期建立的。1958 年，中国建筑科学研究院成立了建筑物理研究室建筑光学研究组，此后清华大学、天津大学、同济大学、重庆建工学院、华南工学院、西安冶金建工学院、哈尔滨建工学院、南京工学院、浙江大学、北京建工学院等高校先后成立了建筑物理教研室，并设置了建筑光学室（组），建立了采光照明实验室，开展了相应的学术研究[6]。高校中的建筑学院及其他相关院系普及建筑光学教育对建筑光学的人才培养、科研工作、学术交流、工程建设均产生了重要的影响。

时至今日，我国有超过 300 所高校开设包含建筑光学知识的相关课程，与之相对应的是建筑光学的工程应用领域广泛，掌握建筑光学知识可以直接服务工程建设。因此，建筑光学的教学内容与教学效果也势必对工程建设有着长远的影响，这也进一步印证了传播建筑光学知识的重要性。伴随着科学技术的进步，建筑光学自身已发展成为一门跨越多个专业，综合性、应用性很强的学科，涵盖了天然采光与人工照明两大部分。建筑光学的主要内容，包括光学、视觉、建筑天然采光、建筑室内外的人工照明、景观照明、城市照明等方面的理论基础以及设计应用[7-9]（图 1-1）。

图 1-1　建筑光学所涉及内容示意

　　光学是物理学的一个分支，研究光的现象、性质和应用，包括光与物质之间的交互作用以及光学仪器的制造等方面。光学由几何光学、物理光学、非线性光学、光谱学、量子光学、信息光学、导波光学、发光学、红外物理、激光物理、应用光学等分支学科组成[10]。建筑光学并非光学的分支学科，而是建筑学的组成部分[11]。所以在某种意义上，建筑光学在"建筑"和"光学"中更加偏向于"建筑"。随着应用领域的扩展以及学科自身的发展，建筑光学中的很大一块也已然可视之为建筑设计、城乡规划、风景园林等专业的一部分。从建筑光学的教学内容出发，可以认为建筑光学主要是依托光学中的基础概念与度量知识，在宏观层面上研究以建筑、空间、城市、区域、园林、景观等为载体的光效与人的视觉效应（亮暗、对比度、颜色、清晰度、视觉舒适度、心理感受等）或非视觉效应（人体节律、身体机能、激素分泌等）相互关系的科学。如图 1-2 所示，建筑光学涉及光学的基本概念与光度学、视觉中人眼的视觉特征、色度学中颜色的科学定量、建筑天然采光的知识与应用、人工照明中的电光源与灯具以及照明设计等内容。建筑光学是建筑学的一部分，其很大一部分内容也可视为城乡规划、风景园林等专业的组成部分，不仅丰富了这些学科的内涵并有助于提升其自身品质，同时也在工程设计、科研学术、高等教育等行业中具有重要的研究与应用价值[12-17]。

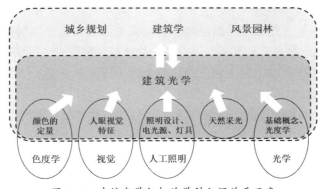

图 1-2　建筑光学与相关学科之间关系示意

1.1.2　光环境的重要性

　　建筑光学是研究光环境的科学。人生活在环境中，建筑学、城乡规划学、风景园林学等都是研究创造良好环境的学科[19]，光作用于环境即形成光环境，光环境是建筑物理环境的组成之一[18]。光环境对人的影响是多方面的，且极为重要。

　　总体上，视觉是光环境影响人体的主要方面，同时也具有一些非视觉上的作用。图 1-3 中所列内容为光环境作用于人体的诸多方面，如此多的作用也可看出光环境的重要性。人们可以通过嗅觉、听觉、触觉、视觉等感觉从外部世界获取信息，但通过视觉获取的信息量远远大于其他感觉。通过视觉，人们体会到了大千世界的种种风景，诸如图像和文字承载了人类文明的大部分信息[20-22]。在光的参与下，人体才能形成视觉，光直接影响了物体和环境的视觉呈现。

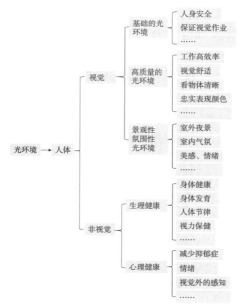

图 1-3　光环境影响人体的诸多方面

　　首先，有必要明确光是影响视觉信息表达的重要因素，也是控制视觉信息输出的关键变量。一方面，形状、颜色、质感等特征是一个物体或环境区别于其他物体或环境的视觉特征，识别某物体或环境有赖于以上信息的正确表达（图 1-4）；另一方面，形状、颜色、质感三类信息与其他信息共同构成了视觉信息，同一个物体或环境在不同的光环境中所展现出的视觉信息有可能差异显著（图 1-5）。因此，设计作品能够被正确辨识，建筑师、规划师、

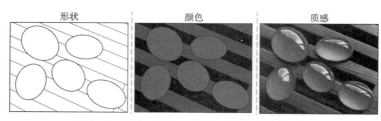

图 1-4　形状、颜色、质感三类视觉信息示意

图 1-5　同一物体与环境在不同光环境下所呈现的视觉状态

景观设计师想要将自己期望的视觉信息传达给受众，用对光（人工光的颜色、人工光的数量、光线的集中程度、光的分布、光的方向以及对天然光的掌控）是重要的前提条件[23]。

其次，必要的光环境是人们行为活动、进行各类作业、获取安全感的基础，即所谓"基础的光环境"。一定的照明水平能够保证人员室内外活动正常进行，并提供安全感，是照明设计时首要考虑的方面。图 1-6 所示为夜间散步的人，正是基础的照明提供了夜间出行的可能，在一定程度上提供了安全感。人们进行某项作业（如步行、驾车、阅读、精细加工等）均需要一定程度的照明，行为活动的特点以及目标对象的精细程度决定了所需要的照明程度[24]，这也是光环境重要性的体现。没有光照，人们能开展的行为活动少之又少；而照明程度不足，则易导致视疲劳甚至无法正常开展行为活动。

图 1-6　基础照明为夜间出行创造条件、提供安全感

再次，良好的光环境有助于保证较高的工作效率、视觉舒适、看物体清晰、忠实表现颜色，即所谓"高质量的光环境"。当光环境达到某一种状态时，可以轻松地看清目标对象、真实颜色并让引发视觉不舒适的元素弱化甚至消失，这些都有助于提高工作效率，且让人们感觉良好。图 1-7 为某具有高质量光环境的教室，学生们都有着良好的精神风貌。由此可见，营造高质量光环境是建设者的责任[25]。

图 1-7　高质量的教室光环境

最后，在视觉上光环境能够形成美感或营造某种气氛。在室外环境中，景观性照明是以创造夜景供人们审美或营造某种气氛为目标；而在室内环境中，则可以通过照明营造某种氛围，这些功用有助于提升环境品质。有必要根据场合选择合适的照明方式以达到令人受用的预期效果[26]。图 1-8 为两种不同的餐厅光环境，其不同的照明效果带来了差异明显的室内氛围。

图 1-8　不同的餐厅光环境将带来不同的室内氛围

光环境除了作用于人的视觉系统外，在非视觉方面也起着重要作用。光环境与人体生理健康、心理健康显著相关。

在生理健康方面，适宜的光环境对于保证人体生理机能的正常运行、保持身体健康、发育、维持人体节律、正常睡眠、身体恢复等有积极的作用[27-29]。在生理层面，光照射到皮肤有助于血管张开，加速血液流动，还可促成维生素 D 和其他维生素以及激素的合成。早在千年之前就出现了光疗。光环境的作用不仅仅依托皮肤、头发等外表的组织器官，人的视觉系统中也包含发挥非视觉作用的组织。图 1-9 为光的非视觉效应之一。光环境对于人体睡眠的影响，作用机制如下：天亮之后，视网膜上的一类特定细胞（神经节细胞，该细胞并不参与视觉形成）被光线激活，它们向大脑中的松果体发出信号以抑制褪黑素合成并促进血清素分泌，而血液中的褪黑素降低则有助于人的清醒。这是光控制人体节律的机制之一。

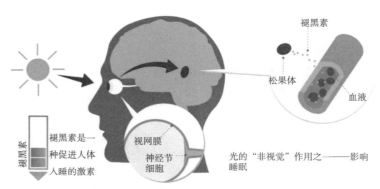

图 1-9　光环境影响人体睡眠的机制说明

在心理健康方面，光环境对于人的心理有影响是确定无疑的。总体来说，好的光环境有助于保持人体心理健康，甚至特定的光环境还可以用于治疗某些心理疾病。反之，长期接触较差的光环境（如阴、暗、晃、怪）则可能使原本心理健康的人产生心理问题。当今，人们的心理疾病呈多发态势，具体的成因繁杂难辨，光环境在其中的作用仅举例如下：有研究证实，长期生活在欠佳的光环境中容易患抑郁症，而晒太阳就是一种治疗抑郁症的手段[30, 31]。光环境与人体情绪也有显著的相关性。通常的观点认为，人浸润于某种特定的光环境中更易陷入某种特定的情绪，此类研究的成果与人们普遍的主观感受具有较高的一致性，如蓝色的光环境易令人忧郁，而破碎、晃动的光环境则令人不安，神坛上的天光令人觉得圣洁，酒肆里的暖色光营造着暧昧的气氛[32-34]。利用这些现象，某些特定功能的场所有意营造特殊气氛。可以说，光环境对于人体心理的影响不一而足，它是一个较为复杂的问题，其作用也要受到主体个人的心理、经历、偏好、身体状态等诸多因素影响。

本课程的讲授重点为光环境的视觉作用，非视觉部分仅在此作简要提及。

1.1.3　建筑光学的作用

建筑学、城乡规划、风景园林等领域均有营造光环境的需求，建筑光学的应用领域也可以按照以上专业进行大致的划分。如图 1-10 所示，建筑光学可应用于 4 个方面。首先，学习建筑光学可以掌握有关光、光环境、颜色、视觉等概念与知识，这些知识点为进一步认识光、分析光、设计光、研究光提供了可能。其次，建筑光学也十分强调在建筑学、城乡规划、风景园林等领域内的工程应用[35]。

图 1-10　建筑光学的应用领域示例

第一，处理任何专业问题都有必要掌握该领域内的基础知识与分析方法。学习本课程有利于处理有关光环境的项目、课题等。建筑光学课程中所包含的光在物理层面的基础知识、光环境的测量分析方法、颜色、视觉等知识对于进一步着手处理光与光环境的相关问题会有帮助，特别是在处理所参与的工程项目中涉及光的议题时可以提供解决问题的基础，抑或是在高一级的学习阶段提供有益的思路，甚至是对生活中观察到的光现象进行解释，也不失为一种乐趣。图 1-11 为某学生在掌握了建筑光学知识后分析测量某建筑的遮阳情况，并基于测试数据开展建筑光环境课题的研究。

图 1-11　建筑光环境测量分析

第二，面向建筑学的应用。建筑光学是建筑学的组成部分。建筑是离不开光的，建筑光学可应用于建筑设计、既有建筑改造、保证建筑使用功能、提升建筑品质、增强建筑健康效益、夜间形象塑造、空间表达等方面。具体地说，建筑光学包含建筑采光、建筑室外照明、建筑室内照明等，特别是天然光与人工光在建筑中的应用，此部分的应用是本课程讲授的重点。如图 1-12 所示，某马厩运用建筑光学知识进行改造，实现了更加完备的使用功能，骑手在改造后的环境中也看得更加清楚了。建筑光环境对马匹的皮毛、骨质成长有益，同时也有利于保持室内温湿度并抑制有害细菌滋生。增加天然采光可减少建筑能耗。

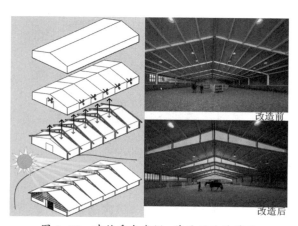

图 1-12　建筑采光案例：某马厩改造前后

建筑室外照明设计是建筑光学知识主要的应用领域之一。图 1-13 是悉尼歌剧院的两种夜景照明模式。只有在具有了建筑光学的知识后才可以参与此类项目的构思、设计、建设、评价等。除了图 1-13 中所示，悉尼歌剧院还有多种夜景形态，这说明变幻是光的魅力之一，也是光与金属、混凝土等建筑材料的不同之处。同时，还反映出光效不易琢磨，需要对它有较为深刻的理解与掌握才能较好地应用。

图 1-13　建筑室外照明案例：悉尼歌剧院夜景

图 1-14 为某建筑室内照明。室内照明对于使用者高效地使用建筑空间并获得舒适的空间感受，以及营建健康环境等都十分重要。

图 1-14　建筑室内照明案例：美术馆室内照明

第三，面向城乡规划的应用。近年来，我国城市照明建设如火如荼，对于城市照明建设的重视程度与投入都是空前的，而不断制造绚丽城市夜景的同时也出现了问题，因此，理性、适度地在城市维度开展照明建设将有赖于城市照明的规划以及城市尺度照明设计的普及应用。本课程也包含了部分城市照明规划的相关知识。城市尺度的照明设计可以视为城市设计的一个专题，其设计方法与理念也是建筑光学涉及的内容。图 1-15 所示为重庆渝中半岛跨越 20 年的夜景变化。重庆夜景的变化是我国近几十年来城市照明建设的缩影与写照，总体上可以看出建设水平明显提升，这其中城市照明规划与设计起到了重要的作用。建筑光学也是城市设计夜景专题的基础。西安是一座既可彰显汉唐雄风，也可展示当今盛世的古都。西安城市夜景设计取得了普遍的赞誉（图 1-16），为古都带来了极高的关注度，并发展了当地经济，在多个方面收获了良好的效果。

图 1-15　重庆渝中半岛跨越 20 年的夜景变化

图 1-16　西安夜景

第四，面向风景园林的应用。风景园林（Landscape Architecture）是造景的学科，人们在景中活动，感受着景的变化，而光本身也可以作为一种"景"，对于景观的呈现起着重要的作用。景可由自然因素（特别是生态因素）、社会因素、人工因素等而来。来自自然界的光（日光、天光、月光、星光、彩虹、云霞等）属于自然元素，这些元素在造景中发挥着重要的作用；而人造的光（火光、烛光、电光源）属于人工元素，尤其是电光源的出现与普及，使得人工照明在造景中的作用得到了强化。图1-17为苏州拙政园见山楼的日景与夜景。除了景观照明，光还可以参与艺术设计，像装置艺术、场景艺术等。图1-18为光线艺术装置示例。

（a）日景　　　　　　　　　　　　　　　　（b）夜景

图 1-17　拙政园见山楼日景与夜景的不同视觉效果

图 1-18　光线艺术装置示例

总之，如何运用好天然光和人工光是建筑师、规划师、风景园林师等专业人士的重要工作之一。光的运用既是空间环境使用的功能基础，也是空间环境艺术创作的源泉。随着科学技术的发展，光在空间环境艺术创作中的参与度将越来越高。

1.2 光的基本概念

1.2.1 可见光

光是电磁波，确切地说是一定波长范围内的电磁波。

本专业中的"光"即指"可见光"。可见光指的是人眼可以看得见的电磁波，即作用于人眼可以形成视觉的电磁波。当电磁波入射人眼时，能否形成视觉由其波长决定。电磁波的波长范围较广，其中可见光的波长范围（波段）为 380～780nm。

图 1-19 为电磁波波谱各波段的划分。从图中可知可见光仅占电磁波波普中极为狭小的一段。与可见光波段相邻的是紫外线和红外线，其中紫外线的波长短于可见光，而红外线的波长较可见光则更长。

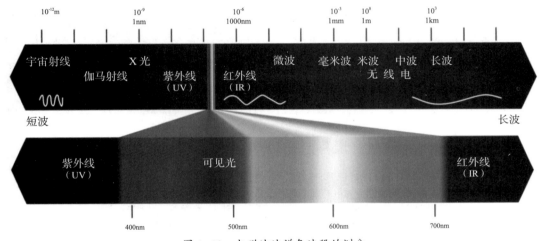

图 1-19　电磁波波谱各波段的划分

不同波长的光在视觉上最显著的差异在于颜色不同，即不同波长的光有着不同的颜色。红、橙、黄、绿、青、蓝、紫指的就是波长从长到短的光依次呈现出的各种颜色。表 1-1 所列出的信息是各颜色对应的中心波长。一般波长较长的光呈现橙色、红色，而波长较短的光呈现蓝色、紫色。

光色与对应中心波长　　　　　　　　　　　　　　　　表 1-1

颜色	紫	蓝	青	绿	黄	橙	红
中心波长（nm）	410	440	460	550	570	610	660
颜色图例							

不同波长的光有着不同的颜色。我们将单一波长的光称作"单色光"，而与之相对应的就是由几种单色光合成的光，即"复色光"，又称"复合光"。一般的光源发出的光都是由不同波长的单色光混合而成的复色光，自然界中的太阳光以及绝大多数人工光源所发出的光都是复色光。复色光的颜色由组成它的单色光类型与量值决定，其信息包含在光谱以及光谱功率分布的曲线之中。下一节将做具体介绍。

有必要强调的是：我们能够看见光，就必须要有可见光进入眼睛，要么直视光源（光源发出的光线直接入射眼睛），要么光线经反射、折射等进入眼睛。由此可知，即便周围存在可见光，但如果光线没有经某种路径进入眼睛也就感觉不到光。比如：当光束在纯净无烟尘的空气中传播时，我们看不见光束本身，只有当空气中有微粒反射了一部分光线，而反射的光线进入人眼时，我们才感受到光束的存在，实际上我们看到的是被照亮的悬浮在空气中的颗粒（图 1-20）。

图 1-20　空气中的微粒反射了光线，进而进入眼睛才被看到

1.2.2　光谱与光谱功率分布

如何表示光的成分，即描述一束光是由哪几种波长的电磁波组成？这就是光谱解决的问题。

光谱是复色光经过色散系统（如棱镜、光栅）分光后，被色散开的单色光按照波长大小而依次排列的图案。图 1-21 为两个光源发出的光经棱镜分光后得到了单色光。由于构成光源 A 的单色光呈连续分布，因此，将光源 A 的光谱称作连续光谱；而构成光源 B 的单色光呈离散分布，因此，光源 B 的光谱是非连续的，故称作线状光谱。

了解了一束光是由哪几种波长的电磁波组成之后，最关心的问题就是各波长的电磁波的强度（功率）是多少？这些信息包含在光谱功率分布曲线之中。

表征一束光的特性，通常更关注成分中各单色光功率的相对值，即相对功率分布情况。因此，常用相对光谱功率分布曲线来表示光谱的构成以及功率分布情况。在相对光谱功率分布曲线中，横坐标为波长（单位为 nm），纵坐标为相对光谱功率，即单位波长间隔内（1nm）的辐射功率的相对值（由于取相对值，因此无量纲）。图 1-22 中列举了若干种光源的相对光谱功率分布曲线，显而易见的是光谱功率分布情况决定了光的表观颜色。

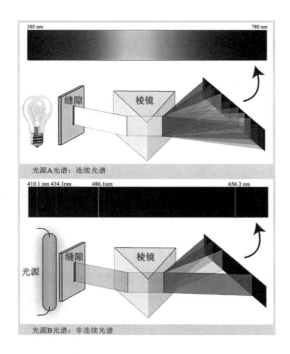

图 1-21　光源光谱示意

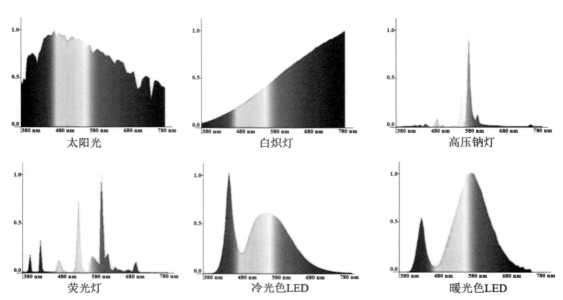

图 1-22　几种典型光源的相对光谱功率分布曲线

光谱功率分布曲线包含了光线的大量信息，是深入研究光的依据，后续课程中有关光的参量均包含在光谱功率分布曲线中。如光谱功率分布情况决定了光的表观颜色及其所照明的物体或环境所呈现的颜色，因此，光源的显色性就由其光谱决定了。不同光谱的光在视觉上的差异主要体现在颜色上，而在非视觉方面也存在差异，如不同光谱的光对于人体生理机能的作用就可能有明显的不同。

1.3　视觉

1.3.1　眼睛的结构

视觉的产生有赖于感觉器官、神经系统和大脑的活动。眼睛是人体视觉系统中的感觉器官，负责接收光信号以及将光信号进行转换。人们的诸多视觉特性均是由眼睛的生理机能决定的。

眼睛是人体中最精密的器官。图 1-23 为眼睛的结构以及各构成组织示意图。眼睛主要由角膜、虹膜、瞳孔（虹膜中间的圆孔）、晶状体、视网膜、视神经等组织构成，其各组织在视觉系统中发挥相应的功能，并维持正常的视觉功能。这里对瞳孔和视网膜的功能与作用做简要阐述。

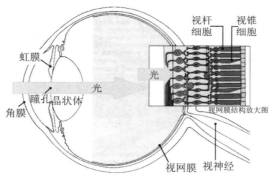

图 1-23　眼睛结构示意

瞳孔可以根据环境亮度调整大小进而调节进入眼球内部的光线数量。在亮环境中瞳孔缩小，在偏暗的环境中瞳孔张大，这种机能不仅保护了眼球内部组织，也在一定程度上保证了视觉可以适应范围更宽的明暗环境。瞳孔是虹膜中心的圆孔，瞳孔的大小由虹膜收缩或松弛进行调节，这一过程由眼内部肌肉完成。光照不足或过强，光源分布不均匀闪烁不定，目标太过细小不稳定等，都会造成眼部肌肉持续紧张。

视网膜是眼睛内部的成像器官，负责把接收的光信号转变为神经递质。为了适应白天和黑夜的转化，视网膜上至少分布着两种可以形成视觉的感光细胞，即"视锥细胞"（椎体细胞）和"视杆细胞"（杆体细胞）。视锥细胞对强光和颜色敏感，视杆细胞对微光刺激敏感。在视网膜的中间位置有一处黄色小区域，称"黄斑"，其中央凹陷（此处视网膜最薄），就是"中央凹"。视锥细胞主要集中在黄斑和中央凹上，由于中央凹面积很小，因此视锥细胞的分布密度极高，也意味着更高的分辨率。而视杆细胞由中央凹边缘向外周渐多，由于分布在相对较大的面积上，因此视杆细胞的分布密度较低。由于在亮、暗环境中人们的视觉由不同类型的感光细胞主导，相应地，视觉特征呈现出差异的状态。

后文讲解的"明视觉与暗视觉""视觉适应"等现象以及"视野"都是由眼睛的生理结构决定的。

1.3.2 明视觉与暗视觉

在较亮的环境中，光线可直接到达位于视网膜中间的视锥细胞，此时感光和辨色最敏锐，分辨率和灵敏度都高。而在暗环境中，视杆细胞发挥作用，该情况下人们对光的分辨率低，色觉不完善，只能分辨明暗。据此，视觉有明视觉和暗视觉之分。

图 1-24 为同一场景的明暗视觉对比，人眼在不同视觉状态下呈现出差异显著的视觉特性。

图 1-24　同一场景的明视觉效果（左）与暗视觉效果（右）

1.3.3 视觉适应

视觉适应：当照明条件改变时，眼睛可以通过一定的生理过程对光的强度进行适应，以获得清晰的视觉。调整机制包括瞳孔大小的变化、视网膜感光化学物质的变化及明视觉与暗视觉功能的转换等。主要可以分为明适应和暗适应两种。

明适应，是指从暗处进入亮处的时候，最初会感到强光耀眼发眩，不能看清物体，要过一段时间才能恢复视觉的现象。期间，视觉系统需要做综合的调节，包括：瞳孔直径缩小，以减少采光量；从适于暗环境的视杆细胞工作状态转为适于亮环境的视锥细胞工作状态；视神经的相应调节功能的变化等。明适应的过程一般比较迅速，通常 2～3 分钟内即可达到稳定水平。

暗适应，是指从亮处进入暗处或照明忽然停止时，不能分辨周围物体，此时视觉光敏度逐渐增强，要过一段时间才能看清物体的现象。期间，视觉系统需要做综合的调节，包括：瞳孔直径的扩大，以增加采光量；从适于亮环境的视锥细胞工作状态，转为适于暗环境的视杆细胞工作状态；视神经的相应调节功能的变化等。完全的暗适应过程需经历的时间较长，可达 40 分钟以上。

总之，视觉适应是一个原本看得清，突然变成看不清，经过一段时间才由看不清到逐渐又看得清的变化过程。

在设计时应考虑人们流动或视线转移过程中可能出现的视觉适应问题。当出现环境亮暗变化过大的情况时，应考虑在其间设置必要的过渡空间，使人眼有足够的视觉适应时间，缓解突然的亮暗交替所产生的影响。在营造室内光环境时，空间中需要人眼注视的各部分亮暗变化不宜过大，频繁的视觉适应会导致视觉迅速疲劳。驾车进出隧道就需要面对视觉适应的问题，驶入隧道是暗适应，驶出隧道是明适应，在隧道出入口处安装减光棚可以营造一定范围的过渡空间，有助于减缓视觉适应可能产生的负面作用（图 1-25）。

图 1-25　隧道出入口安装减光棚营造过渡空间

1.3.4　视野

视野是指人们所能看到的空间范围。具体地说，在人们头部和眼球固定不动的情况下，眼睛观看正前方物体时所能看得见的空间范围。

视野受到感光细胞在视网膜上的分布状态以及眼眉、脸颊、鼻梁等因素的影响，双眼视野还与瞳距有关。大体上可以认定双眼水平视野约为 180°，左右两侧各 90°，单眼在水平面上的视野约为 150°；垂直面上的人眼视野约为 130°，上方为 60°，下方为 70°。由于视网膜上黄斑区域所对应的角度约为 3°，这里具有最高的视觉灵敏度以及分辨率，因此，可以称为"中心视野"，从视看方向往外直到 30° 范围内是视觉清晰区域（图 1-26）。

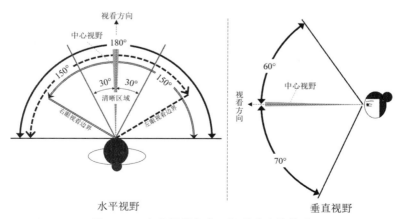

图 1-26　水平视野和中心视野的具体范围

设计师了解"视野"这一概念，对于根据视看对象尺寸设定合理的观察距离，以及分析眩光现象、指导防眩光设计、优化布置灯具或开窗位置，都有所助益。

1.3.5　眩光

眩光，是由高亮或未受控制的亮光或是强烈的亮暗对比导致的一种不良的视觉感受。程度轻微的眩光令人感到不舒适，严重的眩光则可导致视觉功能（短暂）部分丧失。

眩光源，是导致人们产生眩光感受的高亮度光源或场景。常见的眩光源有明亮的窗口、太阳及其周边区域、反射率较高的表面、安装不恰当的灯具、设计不合理的灯具等。

眩光的分类方法不一而足，此处仅做最简明的分类介绍。

眩光按照其影响程度可以分为失能眩光和不舒适眩光。失能眩光，是一种影响程度严重的眩光，可导致视觉功能（短暂）部分丧失，降低视觉功效和可见度，同时也伴随着不舒适感。不舒适眩光，影响程度较轻，即导致不舒适感受的眩光，不降低可见度[36]。

按照形成的途径，眩光可以分为直接眩光和间接眩光。直接眩光，即指眩光源直接出现于视野中的情况。间接眩光，也叫反射眩光，即指眩光源经过反射后进入视野的情况，其中眩光源经过一次反射进入视野的情况称为"一次反射眩光"，眩光源经过两次反射后进入视野的情况则称为"二次反射眩光"。直接眩光与间接眩光在消除眩光的方法上不同。

按照眩光源类型的不同，眩光还可以分为天然光眩光和人工光眩光。一般来说，天然光眩光的眩光源通常为窗口或太阳，面积较大，不宜视为点光源，且天然光眩光常随时间变化。人工光眩光的眩光源可视为点光源，输出稳定。应注意天然光眩光和人工光眩光采用不同的眩光指标进行评价。

表1-2中简要地归纳了各类型的眩光，描述了部分较为典型的眩光场景。

一个空间内不同位置、某一位置不同视线方向上的眩光程度是不同的，因此，分析某个空间场景中的眩光程度，可以先找出眩光程度最为严重的场景，再开展眩光程度的测量分析，进而探索限制眩光的方法。

眩光是室内光环境中较为复杂的一个问题，眩光源面积大小、明亮程度、持续时间，眩光源在视野中的位置、亮度对比度、与观察者之间的距离、空间场景、出现时间等都将影响其程度。眩光是导致视觉不舒适的主因，限制眩光是达成视觉舒适的主要途径。为了掌握好眩光这一概念，有兴趣的学生可以进一步了解眩光评价方法，有助于深入研究室内光环境。

1.4　光的度量

1.4.1　从辐射度量到光度量

在物理学课程中，辐射度量是基础内容，包括辐射能量、辐射通量（功率）、辐射强度等。而光的特殊性在于：光是可见辐射，光度量的主要目的是衡量人们光亮感受的程度，即不仅仅是定量地描述辐射能量的强弱，还需要考虑人眼视网膜上的感光细胞对不同波长的光的灵

眩光的类型以及简要描述　　　　　　表 1-2

分类			描述	图例	典型场景
影响程度	失能眩光		影响程度严重的眩光，可导致视觉功能（短暂）部分丧失，降低视觉功效和可见度，同时也伴随着不舒适感		直视强烈光源。如直视烈日、夜晚会车时对方突然开启远光灯
	不舒适眩光		影响程度较轻，即导致不舒适感受的眩光，不降低可见度		较为普遍。如视野内的侧窗过亮，室内照明中不恰当的灯具位置，黑板或屏幕上的反射光、干扰光
形成途径	直接眩光		眩光源直接出现于视野中的情况		强烈光线未经遮蔽直接出现在视野内。如灯具安装位置不合理、投射方向不恰当、眩光控制不到位等情形
	间接眩光（反射眩光）	一次反射眩光	眩光源经过一次反射进入视野的情况		博物馆、美术馆内看展品时，光源或者明亮的窗口在玻璃上成像，影响对展品的视看
		二次反射眩光	眩光源经过两次反射进入视野的情况		环境亮度高于展品，人体亮、展品暗，导致人体在玻璃上成像，影响视看展品
眩光源类别	天然光眩光		天然光作为眩光源所形成的眩光		出现在视野内的太阳、明亮的窗口、经反射的天然光等。眩光源面积大，随时间变化
	人工光眩光		人工光（灯光）作为眩光源所形成的眩光		安装不恰当的灯具、设计不合理或防眩光措施不到位的灯具都易造成眩光。通常可视眩光源为点，状态稳定

敏度不一样的因素 [37]。

可见辐射作用于人眼使人们有光亮的感觉，这叫可见辐射的光视效应。不同波长辐射的光视效应是不同的，即它们有不同的光视效率。

光谱光视效率，是指引起强度相同的视觉光亮感受，不同波长的电磁波所需的辐射通量的多少。这是一个十分重要的概念，是连接辐射度量和光度量的桥梁。由于人们在明视觉和暗视觉状态下的视觉运行特性不同，因此明视觉、暗视觉有各自的光谱光视效率。

光谱光视效率的数学公式用 $V(\lambda)$ 来指代，也称为"视见函数"。将 $V(\lambda)$ 函数绘制在坐标系中，横坐标为波长（范围 380～780nm），纵坐标为光谱光视效率（相对值），所形成的曲线即光谱光视效率曲线（图 1-27），其中 $V(\lambda)$ 为明视觉的光谱光视效率，$V'(\lambda)$ 为暗视觉的光谱光视效率。从明视觉、暗视觉所对应的两条光谱光视效率曲线可知：人眼对位于可见光波段中间区域的光线更为敏感，对位于波段两端的红色和紫色的光线较不敏感，红外线和紫外线则无视觉反应。明视觉中，人眼对波长 555nm 的黄绿色光最敏感；暗视觉中，人眼对波长 507nm 的蓝绿色光最敏感。

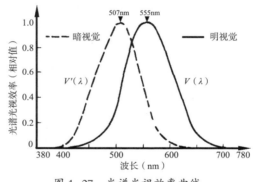

图 1-27 光谱光视效率曲线

光谱光视效率将辐射度量与光度量联系起来，以明视觉为例，对于某一单色光的光度量参数和辐射度量参数的数量关系可以表示为：

$$X_v = K_{max} V(\lambda) X_e \tag{1-1}$$

对于复色光而言，则可基于上述公式在可见光波长范围上积分，表示为：

$$X_v = K_{max} \int_{380}^{780} X_e V(\lambda) \, d\lambda \tag{1-2}$$

式中　X_e——辐射度量参数；

　　X_v——对应的光度量参数；

　　K_{max}——一个常数；

　$V(\lambda)$——光谱光视效率（λ 为波长）。

光度量参数与辐射度量参数的物理含义有相通之处，但定义与数值大小并不一致。因此，在国际单位制中，光度量参数使用一套自有的单位，以与对应的辐射度量进行区分。最基本的光度量参数包括光通量、发光强度、照度、亮度。

1.4.2　光通量 Φ 与发光效率 η

辐射体单位时间内以电磁辐射的形式向外辐射的能量称为辐射功率或辐射通量（单位：W）。光源的辐射通量中被人眼感觉为光的能量称为光通量。简言之，光通量指单位时间内光源发出的，能被人眼感受到的光的能量。即，光通量是描述光源发出可见光（光线）多少的参数，是一个标量。

光通量的符号是 Φ，单位是流明（lm）。光通量表征光源发光能力，图 1-28 描述了某灯泡向外辐射光通量的情景，图 1-29 列出了几种不同光源所发出光通量的数值。

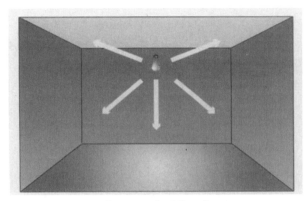

图 1-28　光通量示意

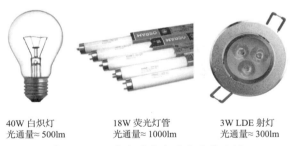

40W 白炽灯　　　18W 荧光灯管　　　3W LDE 射灯
光通量≈500lm　光通量≈1000lm　光通量≈300lm
图 1-29　几种光源发出的光通量示例

不同类型光源发出的光通量与其功率之间的比值不尽相同，该比值叫作"发光效率"。发光效率（η）的定义为：光源发出的光通量与所消耗的功率之间的比值，单位是 lm/W。发光效率简称"光效"，是衡量光源节能程度的指标。光效高代表某光源将电能转化成可见光的能力强，该光源更加节能；而光效低则意味着该光源将大部分电能转化为了热或其他能量形式。图 1-30 为不同时代出现的光源及其光效，可以说光源的发展伴随着光效的提高。

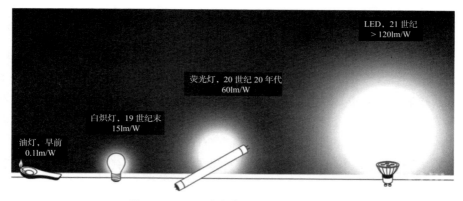

图 1-30　不同时代出现的光源及其光效

1.4.3　发光强度 I

发光强度，即光源在某一方向上单位立体角内发出的光通量，简称"光强"。光强描述的是某一方向上光通量的空间密度。图 1-31 是发光强度的示意图。

发光强度的符号是 I，单位是坎德拉（cd）。

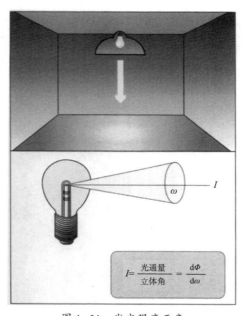

图 1-31　发光强度示意

在光强的定义中，涉及"单位立体角"的概念。立体角是三维空间中角度的概念，如图 1-32 所示，以锥体的顶点为球心作球面，该锥体在球表面截取的面积（A）与球半径（r）的平方之比就是立体角（ω）的大小，其单位是球面度（sr）。1 个球面度（1sr）的立体角就是单位立体角。

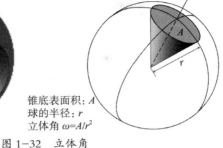

锥底表面积: A
球的半径: r
立体角 $\omega = A/r^2$

图 1-32　立体角

光强是一个矢量，当灯具或光源稳定输出时，光强的大小与方向相关，与观察者到灯具或光源的距离无关。除某些特殊设计的灯具或光源外，其他灯具或光源在不同方向上的发光强度是不一样的（图 1-33）。

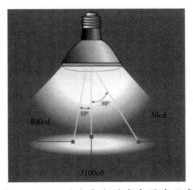

图 1-33　不同方向上的发光强度示意

1.4.4　照度 E

照度，即落在单位面积被照面上的光通量的数值，也表示被照面被照射的程度。

照度的符号是 E，单位是勒克斯（lx）。照度单位 lx 的物理含义是 lm/m^2，1lx 相当于 1lm 的光通量均匀分布在 $1m^2$ 的被照面上。图 1-34 为照度示意图。

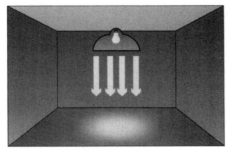

图 1-34　照度示意

照度是一个矢量[38]，其数值与取值方向有关。同一被照面上同一点不同方向的照度可能不同。如图 1-35 所示，通常情况下，将水平表面的照度方向默认为垂直向上（水平照度，E_h），将垂直表面的照度方向默认为水平向外（垂直照度，E_v），将倾斜表面的照度方向默认为其表面的法线方向，如无特殊说明则按照默认方向取值。需要强调的是，照度可以按照三角形法则进行分解，如果光源斜着照射被照面，则可以根据夹角（θ）将与光源连线方向的照度（E_n）换算成默认方向的照度（E_h）。

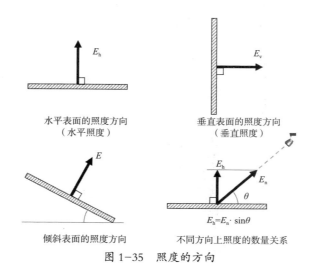

水平表面的照度方向
（水平照度）

垂直表面的照度方向
（垂直照度）

倾斜表面的照度方向

不同方向上照度的数量关系

$$E_h = E_n \cdot \sin\theta$$

图 1-35　照度的方向

由于默认方向的存在，使得原本是矢量的照度具有了标量的可叠加性。即，几个光源同时照射被照面时，实际照度为单个光源（E_i）分别存在时形成照度的代数和。

$$E = \sum E_i \tag{1-3}$$

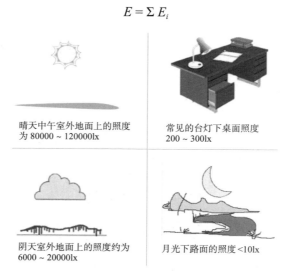

晴天中午室外地面上的照度
为 80000 ~ 120000lx

常见的台灯下桌面照度
200 ~ 300lx

阴天室外地面上的照度约为
6000 ~ 20000lx

月光下路面的照度 <10lx

图 1-36　部分常见场景的照度范围

图 1-36 列举了一些常见场景的照度范围，由此可见，人们的视觉系统可以在如此宽的照度范围内工作。照度是建筑光学中最常用到的光度量参数，照度值是照度设计标准中的最重要参数，《建筑照明设计标准》GB 50034—2013 中规定教育建筑内教室课桌面照度不低于 500lx。

1.4.5　亮度 L 与亮度对比度 C

亮度，即发光体或受光体单位面积上发射出的发光强度。亮度表示的是正在发光（或反光）的表面的明亮程度，是一种直观的视觉感受。图 1-37 为亮度示意图。

亮度的符号是 L，单位是坎德拉 / 平方米（cd/m^2）。

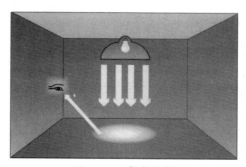

图 1-37　亮度示意

亮度是一个矢量，一个发光体或正在反光的物体其不同方向上的亮度可能不同。最常使用的亮度方向是人眼视看物体的方向。亮度与进入人眼的光线数量以及视线方向看到的发光面积有关，图 1-38 是一些物体的大致亮度或亮度范围。

太阳中心亮度
数量级 $10^9 cd/m^2$

天空亮度
数量级 $10^3 cd/m^2$

液晶屏亮度
$30 \sim 300 cd/m^2$

黑板面亮度
$10 \sim 80 cd/m^2$

台灯下黑纸亮度
$5 cd/m^2$

夜晚地面亮度
$<1 cd/m^2$

图 1-38　物体亮度示例

　　实际上，人们视觉的明暗感受还与环境有关，比如开启的车大灯在黑夜看起来十分亮，而在白天则显得没那么亮。即，两个亮度相同的物体可以引起不同的明亮感受，因此，亮度分为物理亮度与主观亮度。这些视觉现象在进行光环境设计时应注意，本课程中均使用物理亮度[39]。

　　亮度对比度（C）是基于亮度的重要概念，是影响视看对象清晰程度的重要因素之一。如果视看对象的亮度（L_t）与背景亮度（L_b）之差记为 ΔL，则：

$$C = \frac{\Delta L}{L_b} \tag{1-4}$$

　　课堂上，如果投影屏幕上的课件内容或者黑板面上的粉笔书写内容看不清，则通常是因为环境光线在屏幕或黑板上进行反射，一部分反射光线进入观察者眼中导致文字内容本身与背景的亮度同时提高，而两者之间的对比度却降低造成的。

1.4.6　小结

　　光度量的 4 个参数之间存在相关性。其中，发光强度是光通量的空间分布密度，照度是单位面积上得到的光通量多少。照度（E）和发光强度（I）存在如下数量关系：

　　如图 1-39 所示，已知点光源照射方向上发光强度（I）以及与被照面的距离（r），即可求得二者连线方向上的被照面的照度：

$$E_n = I/r^2 \tag{1-5}$$

通过三角函数可以将 E_n 转换为 E_h，即

$$E_h = E_n \sin\theta = (I/r^2)\sin\theta \tag{1-6}$$

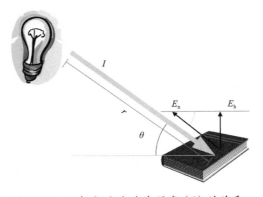

图 1-39　照度（E）与发光强度（I）的关系

　　亮度（L）与照度（E）的关系阐述如下，图 1-40 为同一盏台灯下某位置的纸张的照度相同，浅色纸的反射率高（反射率的定义在下一章中介绍），其亮度较高；当纸张为深色时，

深色纸张的反射率相对偏低，其亮度偏低。由此可知，物体表面反射率是亮度和照度相互关系中的关键参数。假设某材料表面各个方向上的反射率 ρ 相等，则 L 和 E 的关系如下：

$$L = \frac{E \cdot \rho}{\pi}$$

（1-7）

使用该公式，在某些设定作为前提下，可以通过较为便捷的现场测量求解材料的反射率，具体见本课程的实验部分。

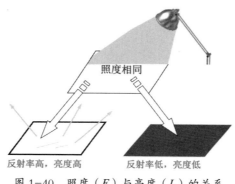

照度相同

反射率高，亮度高　　　　反射率低，亮度低

图 1-40　照度（E）与亮度（L）的关系

本章最后将光度量的 4 个基础参数进行比较并做小结，如表 1-3 所示。

光度量参数小结　　　　　　　　　　　　　　　　表 1-3

	光通量	发光强度	照度	亮度
英文	Luminous flux	Luminous intensity	Illuminance	Luminance
符号	Φ	I	E	L
单位	lm（流明）	cd（坎德拉）	lx（勒克斯）	cd/m²（坎德拉/平方米）
方向	标量，无方向	矢量，指定方向	矢量，默认方向为表面法线方向	矢量，视线方向
物理意义	单位时间内光源发出的可见光的总能量	光源向某一方向单位立体角内发出的光通量	入射到被照物体单位面积上的光通量	发光体或受光体单位面积上发出的发光强度
公式	$\Phi = K_m \int \Phi_{e,\lambda} V(\lambda) d\lambda$ 式中 $K_m = 673 \text{lm/W}$	$I = \frac{d\Phi}{d\omega}$ 式中 Φ——测量方向上光通量；ω——立体角	$E = \frac{d\Phi}{dA}$ 式中 A——被照物体表面积	$L_\theta = \frac{dI_\theta}{dA \cdot \cos\theta}$ 式中 L_θ——θ 角方向上亮度；I_θ——θ 角方向上发光强度；A——光源面积

扫码看彩图

第2章 建筑光学基础（下）：材料的光学特性、颜色

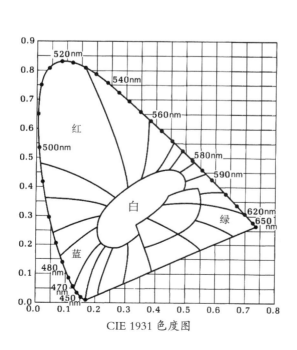

CIE 1931 色度图

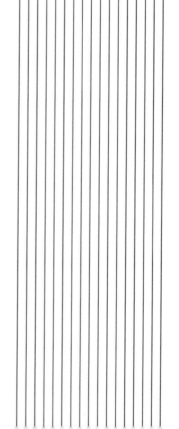

2.1　材料的光学特性

2.1.1　光反射率和光透射率

光在传播过程中遇到介质时，入射光通量（Φ）中的一部分被反射（Φ_ρ），一部分被吸收（Φ_α），一部分透过介质进入另一侧空间（Φ_τ），如图 2-1 所示。

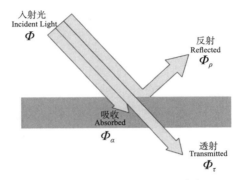

图 2-1　光的反射、吸收和透射

其中，反射的光通量（Φ_ρ）、吸收的光通量（Φ_α）、透射的光通量（Φ_τ）之和等于入射的光通量（Φ），即

$$\Phi = \Phi_\rho + \Phi_\alpha + \Phi_\tau \qquad (2\text{-}1)$$

反射、吸收、透射的光通量与入射光通量之比，分别称为光反射率（ρ）、光吸收率（α）、光透射率（τ），即

$$\rho = \Phi_\rho / \Phi \qquad (2\text{-}2)$$

$$\alpha = \Phi_\alpha / \Phi \qquad (2\text{-}3)$$

$$\tau = \Phi_\tau / \Phi \qquad (2\text{-}4)$$

在建筑光学中，常用到材料的光反射率和光透射率。表 2-1、表 2-2 分别列出了部分常见材料的光反射率和部分玻璃类型的光透射率，仅供参考。

部分材料的 ρ 值　　　　　　　　　　　　　　　　　　表 2-1

材料名称	ρ	材料名称	ρ	材料名称	ρ
石膏	0.91	混凝土地面	0.20	白色大理石	0.60
白色粉刷墙面	0.80	沥青地面	0.10	乳色间绿色大理石	0.39
水泥砂浆抹面	0.32	白色釉面瓷砖	0.80	红色大理石	0.32
白色乳胶漆	0.84	黄绿色釉面瓷砖	0.62	黑色大理石	0.08

续表

材料名称	ρ	材料名称	ρ	材料名称	ρ
红砖	0.33	粉色釉面瓷砖	0.65	浅黄色木纹	0.36
灰砖	0.28	浅蓝色釉面瓷砖	0.83	中黄色木纹	0.30
原色胶合板	0.48	黑色釉面瓷砖	0.08	深棕色木纹	0.12
不锈钢	0.65	绿色马赛克	0.25	白色间灰黑色水磨石	0.52

部分玻璃的 τ 值　　　　　　表 2-2

玻璃名称	厚度（mm）	τ	玻璃名称	厚度（mm）	τ
透明玻璃	6	0.89	透明中空玻璃	6+12A+6	0.81
绿着色玻璃	6	0.73	绿着色中空玻璃	6+12A+6	0.66
灰着色玻璃	6	0.43	Low-E 中空玻璃	6+12A+6	0.35
热反射镀膜玻璃	6	0.40	热反射镀膜中空玻璃	6+12A+6	0.37
超白玻璃	6	0.91	单层高透 Low-E 玻璃	6	0.80

　　物体表面的光反射率受诸多因素影响，其中，光反射率与物体表面颜色存在相关性。一般来说，浅色（白色）表面的光反射率高于深色（黑色）表面，对于彩色表面而言，明度高的颜色表面光反射率高于明度低的颜色表面（明度的概念在后续章节具体介绍）。

　　透明或半透明物体的光透射率也是由诸多因素决定的，如折射率（通常折射率越大，透光越少）、选择性吸收（有颜色物体会选择性吸收入射光谱中的一部分，导致透射出的光通量减少）、物质中的杂质、气泡、晶体间隙等。一般来说，薄的无色玻璃的光透射率较高。

　　除了掌握光线经介质反射、透射后光通量大小产生的变化之外，还要清楚光线经反射、透射后，它的分布变化取决于材料表面的光滑程度和材料内部分子结构。反光材料和透光材料均可以分为两类，一类属于定向的，如镜子和透明玻璃；另一类属于扩散的，如粉刷墙面和磨砂玻璃。

2.1.2　反射、透射类型

　　一束光线经材料反射、透射之后，反射、透射光线可能具有不同的发散程度，这是材料的光学特性之一。

　　图 2-2 为具有不同光泽程度（从粗糙到光滑）的材料，其表面的光滑程度决定了材料的一部分光学特性。当一束光线入射至光滑的表面（如抛光的金属表面、镜面）上时，反射光线仍具有明确的方向性，此时材料表面可以清晰地成像。相对应的，越粗糙的表面其光泽度越低，越不能清晰地成像，其反射光线越发散。

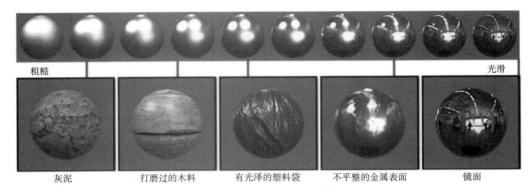

粗糙　　　　　　　　　　　　　　　　　　　　　　　　光滑

灰泥　　　　打磨过的木料　　　有光泽的塑料袋　　　不平整的金属表面　　　镜面

图 2-2　不同光泽度材料的反射光发散程度

透射的情况更复杂，对于透明、半透明的材料而言，其透射光线的发散程度一般与自身分子结构和表面状态相关。如图 2-3 所示，雾度越高，其透明度、成像度越低，也就是看不清晰的感觉越明显，透射光线越发散。

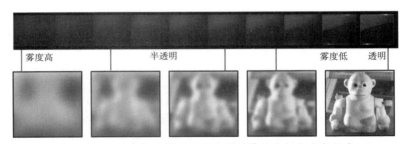

雾度高　　　　半透明　　　　　雾度低　透明

图 2-3　不同雾度的透明、半透明材料的透射光发散程度

当入射光为一束，根据其反射/透射光线的发散程度，即扩散角的大小，对反射/透射进行了分类。其中，反射/透射光线的扩散角（δ）的定义为：扩散光线的发光强度分布曲线中光强一半处与扩散光线中心轴之间的夹角（图 2-4）。当 $\delta=0°$ 时，可以认为材料为定向反射/透射，或称之为规则反射/透射；当 $0°<\delta<15°$ 时，将之归入窄扩散反射/透射；当 $15°<\delta<45°$ 时，将之归入宽扩散反射/透射；当 $45°<\delta<60°$ 时，将之归入漫反射/透射。

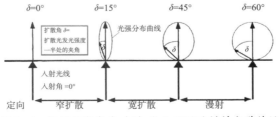

图 2-4　根据扩散角度（δ）定义不同的材料光学特性

本章将材料的光学性能划分为六类。

从表 2-3 可以看出，材料的光学性能根据反射 / 透射光线的发散程度分为"定向反射 /
定向透射""漫反射 / 漫透射""（宽）扩散反射 /（宽）扩散透射""（窄）扩散反射 /（窄）
扩散透射"，具有复合光学性能的"漫 + 定向反射 / 漫 + 定向透射"以及针对棱镜类等具有
复杂光学特性的"棱镜反射 / 棱镜透射"六类。

反射 / 透射类型　　　　　　　　　　　　　　　　表 2-3

反射		透射
	定向反射 | 定向透射 Specular $\delta=0°$	
	漫反射 | 漫透射 Diffuse $45°<\delta<60°$	
	（宽）扩散反射 |（宽）扩散透射 Scatter Wide $15°<\delta<45°$	
	（窄）扩散反射 |（窄）扩散透射 Scatter Narrow $0°<\delta<15°$	
	漫 + 定向反射 | 漫 + 定向透射 Diffuse+Specular	
	棱镜反射 | 棱镜透射 Prismatic	

以不透光材料的反射特性为例。

镜面材料（如镜子、抛光金属板等）的反射特性为：入射光线为平行光，反射光线也为平行光（$\delta=0°$），入射光线与反射光线分列材料法线方向两侧，且入射角等于反射角。这种反射称为定向反射（亦可称作镜面反射／规则反射）。

漫反射表面（如哑光涂料、粉刷墙面、无光泽的纸等）的反射特性为：无论入射光线的入射角为何，反射光线扩散，且 $45° < \delta < 60°$，反射光线发光强度的最大值出现在材料表面法线方向上。

介于以上两种情况，材料表面的粗糙程度不同则具有不同的反射特性，粗糙程度越高的材料其反射光线的发散角越大，即 δ 值越大；反之，表面光滑的材料其反射光线发散角越小，即 δ 值越小。根据反射光线发散角 δ 值的不同，本章将材料分为宽扩散反射材料（$15° < \delta < 45°$）和窄扩散反射材料（$0° < \delta < 15°$），此类材料的反射光线发光强度最大值通常出现在与入射光线对称的方向上。

在真实的建筑空间、城市环境、风景园林中，还有大量具有复合光学特性的材料[40]。对于高光泽表面或某些覆盖着一层高光泽材料或涂层的材料而言，如刷涂清漆的表面或覆盖玻璃板的画等，这类材料一部分入射光线在表层发生定向反射，剩余的入射光线在底层发生漫反射，其光学性能也呈现出定向反射与漫反射相叠加的特性。图 2-5 所示的表面抛光的地砖，明亮的窗口在地砖表面成像。材料的颜色越深其漫反射率越低，材料的颜色越浅其漫反射率越高；但定向反射率的高低取决于此类材料表面的粗糙程度，并不受其材料颜色影响。

图 2-5 表面抛光的地砖

除以上所述材料类型之外，还存在一些具有复杂光学特性的材料。比如，某些材料可令一束入射光线在其表面发生随机的反射或透射，即反射光线或透射光线的方向呈现随机特性。此类材料有：瓦楞板、波纹板、皱纹金属板、棱镜材料、不规则反射材料等，利用其特殊的光学特性，此类材料多用于散光等场合。图 2-6 为棱镜散光片，可用于发散集中的直射光，在保证透射率的前提下呈现出扩散光的效果。

图 2-6　棱镜散光片

2.2　颜色的基础知识

2.2.1　颜色的分类和特性

颜色可分为非彩色和彩色两大类。

非彩色，指白色、黑色和其间各种深浅不同的灰色。图 2-7 为由纯白到浅灰到中灰到深灰再到纯黑的一系列非彩色。

对于物体而言，理想的纯白色的光反射率是 100%，理想的纯黑色的光反射率是 0。一系列非彩色代表物体光反射率的变化，在视觉上就是明度的变化。愈接近白色，明度愈高；愈接近黑色，明度愈低。白色、灰色、黑色对于光谱各波长的反射没有选择性，因此，它们是中性色。

对于光而言，一系列非彩色相当于白光的亮度变化。当白光的亮度很高时，看上去就是白色；当白光的亮度很低时，就感觉到发暗或发灰；而无光时的视觉感受就是黑色。

纯白　　　　浅灰　　　　中灰　　　　深灰　　　纯黑

图 2-7　非彩色

彩色就是黑白灰以外的各种颜色。彩色有三种特性：色调、明度、饱和度。这三个特性中的任意一个改变，则颜色改变。图 2-8 为彩色有三种特性的示例。

色调，是彩色彼此互相区分的特性。红、橙、黄、绿、蓝、紫就是色调。彩色光的色调取决于其光谱组成；彩色物体的色调取决于入射光线的光谱组成以及物体反射/透射的特性。

明度，是人眼对颜色的明亮感觉。彩色光的亮度愈高，人眼就愈感觉明亮，其明度愈高。彩色物体表面的光反射率愈高，它的明度就愈高。

饱和度，是指颜色的纯洁性。可见光谱的各种单色光是最饱和的彩色。当光谱色掺入白光成分愈多时，就愈不饱和。对于彩色光来说，饱和度越低越接近白光的感觉。物体色的饱和度取决于其表面反射光谱辐射的选择性程度。比如：某物体表面只对某一种颜色反射率高，对其他颜色反射率很低，则这一颜色的饱和度就很高。物体色的饱和度越低，则其颜色越接近灰色。

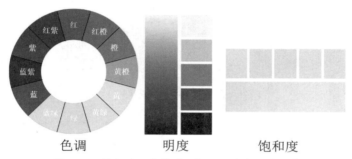

色调　　　　　明度　　　　　饱和度

图 2-8　彩色的三种特性：色调、明度、饱和度

非彩色只有明度的差别，而没有色调、饱和度这两种特性。

2.2.2　光源色和物体色

外界的光学辐射作用于眼睛，产生颜色感觉。但颜色显现的方式不同，具体可以分为两种情况。光源发出的光直接进入眼睛产生的颜色感觉，这种颜色称为"光源色"；光照到物体上，经物体反射或透射，进入眼睛而呈现的颜色称为"物体色"（图 2-9）。

光源色仅由所发出光线的光谱组成决定[13]。

物体色则由入射光线的光谱组成以及材料本身的性质决定。比如一张红色的纸，用白光或者红光照射时看上去是红色，用绿光照射时看上去则不再是红色。

灯光的颜色属于光源色，建筑中油漆、颜料、各种材料表面等的颜色都属于物体色。因此，在光环境设计时需考虑光线对于材料颜色的呈现以及材料对于光线颜色的改变。

2.2.3　颜色的混合、三原色

光源色的混合和物体色的混合遵循不同的规律，分别讲述如下。

光源色的三原色是红（700nm）、绿（546.1nm）、蓝（435.8nm）。

任意一种颜色都可以由红（Red，缩写为 R）、绿（Green，缩写为 G）、蓝（Blue，缩写为 B）三原色按照一定比例混合得到。

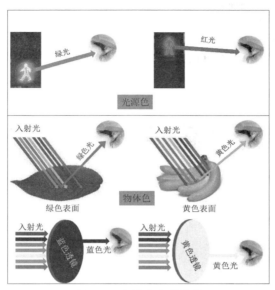

图 2-9　光源色和物体色

图 2-10 所示为光源色的三原色及其混色规律，由图中可以得知，红色光混合蓝色光可以得到品红色光（Magenta，缩写为 M），红色光混合绿色光可以得到黄色光（Yellow，缩写为 Y），绿色光混合蓝色光可以得到青色光（Cyan，缩写为 C），三种原色光按照一定比例混合则可以得到白色光。

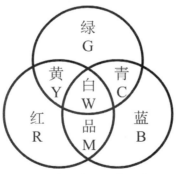

图 2-10　光源色三原色及其混合

光源色混合的应用十分广泛，屏幕显示、动态的可变色照明等都是由 R、G、B 三种原色光源构成基本发光单元，通过调整三者之间的比例进而得到丰富的颜色。图 2-11 所示为某可变色灯具，由 R、G、B 三种光色的灯珠构成，通过控制三种光色灯珠的光线输出形成丰富的光色。

在光的混合中，几个颜色光组成的混合色的亮度是各颜色光亮度的总和。光源色的混合属于颜色相加的混合，物体色的混合则属于颜色相减的混合。

38　建筑光学

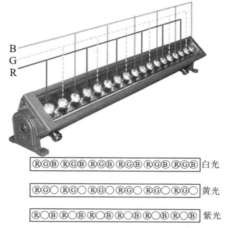

図 2-11　光色混合的应用：可变色灯具及其原理示意

物体色的三原色是黄、品红、青。

颜料的颜色是一类典型的物体色，对于颜料而言，"黄色"吸收了入射光谱中的蓝色部分，而反射其他波长的辐射，因此，将黄色称为"减蓝原色"。同理，"青色"是"减红原色"，"品红"是"减绿原色"。

由于品红色颜料减去了绿色，黄色颜料减去了蓝色，因此，品红和黄色混合后的颜色同时减去了绿色和蓝色，只反射红色，所以，品红和黄色颜料混合后得到红色。

同样的道理，如图 2-12 所示，对于物体色而言，黄色和青色混合可以得到绿色，青色和品红色混合可以得到蓝色，品红色和黄色混合可以得到红色。三种物体色原色按照一定比例混合后得到的是黑色（Black，缩写为 K），如果三者的密度都较小的话则混合出的颜色是灰色。

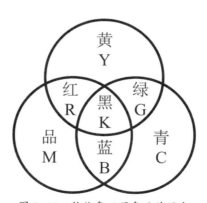

图 2-12　物体色三原色及其混合

颜料的混合规则是印刷、涂装等应用领域的基础，丰富多彩的物体色通常是由原色按照一定配比混合而成的。图 2-13 为最常见的打印机墨盒，是由青（C）、品红（M）、黄（Y）

三种原色墨水以及一支黑色墨水（K）组成。一滴油墨可以按照 C、M、Y、K 四色的用量（每色用量范围 0 ~ 100%）确定其颜色，如某玫红色的 CMYK 值为 12% 51% 0% 0%，常标记为 C12，M51，Y0，K0。

图 2-13　由 C、M、Y、K 四色组成的打印机墨盒

2.3　颜色的定量

2.3.1　CIE1931 色度图与色坐标

国际照明委员会（Commission Internationale de l'Eclairage，简称 CIE）于 1931 年前后推出了 CIE1931 色度图（图 2-14）。

CIE1931 色度图是绘制在坐标系中的图形，色度图中的一个点即代表一种颜色，该点的坐标（x，y）就是这一颜色的"色坐标"。

根据颜色混合原理，CIE1931 色度图用匹配某一颜色的三原色比例来规定这一颜色，x 坐标相当于红原色的比例，y 坐标相当于绿原色的比例。图中没有 z 坐标，因为 x+y+z=1，如此可以将三个变量共同作用的颜色值绘制在二维坐标平面上，方便使用。

颜色三角形中心的 E 是等能白光，E 点称为等能白光点，由三原色各 1/3 形成，其色度坐标为（0.33，0.33）。

图 2-14 所示的色度图中划分出了若干个区域，每个区域代表了一类颜色。以红色为例，图中右下角处的"红色"区域，严格地讲，任一颜色的色坐标位于该区域内都可以称为"红色"，因此，所谓的红色实际代表着一簇颜色。只有科学的颜色定量方法才能准确无误地表示一个颜色。使用色坐标表示一种颜色是很精确的颜色定量方法，未来着手的设计或研究中涉及准确描述颜色时则可以使用色坐标，不少测量颜色的仪器都是输出色坐标。

CIE1931 色度图中还包含其他信息，如黑体轨迹等，具体将在光源的颜色一节中进行讲述。

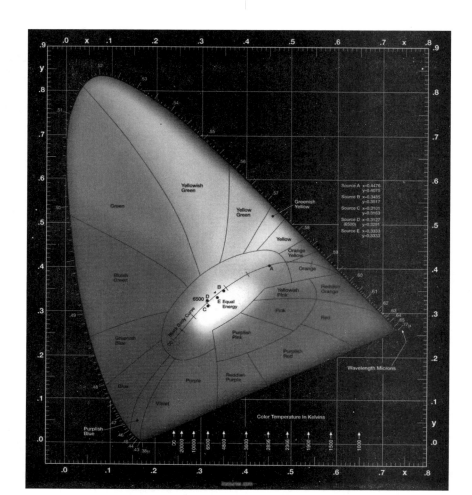

图 2-14　CIE1931 色度图

2.3.2　孟赛尔颜色系统

A. H. 孟赛尔（A. H. Munsell）所创立的孟赛尔颜色系统（Munsell Color System）是使用颜色立体模型表示物体色的一种方法，用一个类似球体的三维模型把各种物体色的三种基本特性（色调、明度、饱和度）表示出来。

图 2-15 中孟赛尔颜色立体示意包含了 3 个变量：

1）中央轴代表着明度的高低。白色在顶部，黑色在底部，从下向上代表着明度从低到高。孟赛尔明度值共分为 0 ~ 10 共 11 个等距离的等级，但实际中只使用 1 ~ 9 共 9 个等级。

2）从圆心到圆周的方向代表饱和度的高低。愈靠近圆周代表饱和度愈高，反之，靠近圆心的颜色饱和度较低。饱和度表示具有相同明度值的颜色离开中性灰的程度，中央轴上中性灰的饱和度为 0，各个颜色的最大饱和度等级不同。

3）沿圆周方向一圈代表色调。孟赛尔色调分为 10 种，包括 5 种主要色调：红（R）、黄（Y）、绿（G）、蓝（B）、紫（P）;5 种中间色调：黄红（YR）、绿黄（GY）、蓝绿（BG）、紫蓝

（PB）、红紫（RP）。为了对色调作更细的划分，每一种色调又分成 10 个等级，从 1 ~ 10。每种主要色调和中间色调的等级都定为 5（图 2-16）。

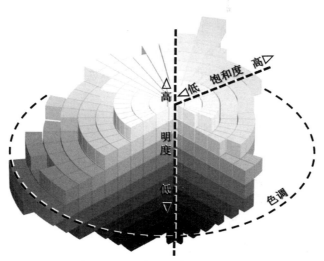

图 2-15　孟赛尔颜色立体示意图

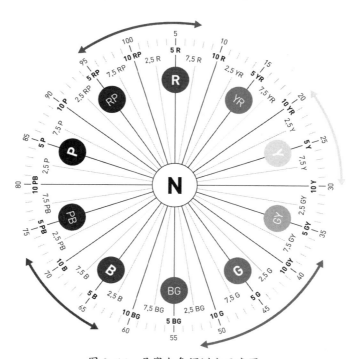

图 2-16　孟赛尔色调划分示意图

孟赛尔颜色系统中，用一串包含色调、明度、饱和度等级的标号来表示某一个颜色。标定方法是先写出色调（H），然后写明度（V），在斜线后写饱和度（C），即，

$$H\,V/C$$

例如标号为 10Y 8/12 的颜色，它的色调是 10Y（黄与绿黄的中间色），明度是 8，饱和度是 12。从这个标号可知，该颜色是比较明亮且具有高饱和度的颜色。孟赛尔颜色系统中，颜色按照色调、明度、饱和度的不同被分为不同的色块，该系统可以表示 1000 多种颜色。基于孟赛尔颜色系统，为了方便定量某一个颜色，人们制作出了孟赛尔色卡，即按照孟赛尔颜色系统中的分类规则排列出各颜色，图 2-17 为孟赛尔色卡中的一页。

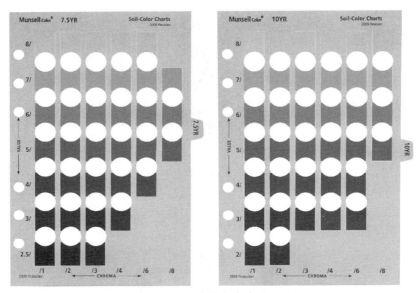

图 2-17　孟赛尔色卡中的一页

孟赛尔颜色系统中，无彩色用 N 表示，在 N 后面给出明度（V），斜线后面不写饱和度，即，

$$N\,V/$$

例如，明度值为 5 的中性灰色写作 N 5/。

2.3.3　RGB 和 CMYK 色彩模式

光的三原色为红（R）、绿（G）、蓝（B），由这三种色光按不同配比进行叠加混合，可以模拟出自然界中肉眼所能看到的大部分颜色。这种由红、绿、蓝三原色叠加的显色模式称为 RGB 模式，它广泛应用于日常生活中，尤其在显示领域，电视机、电脑显示器、户外 LED 广告屏、手机屏幕、可变色灯具、媒体幕墙都是基于 RGB 三通道混光显色原理。

RGB 色彩模式是工业界的一种颜色标准，通过对 RGB 三个颜色通道的变化以及它们相互之间的叠加得到各式各样的颜色。由于 R、G、B 三个颜色通道各分为 256 阶亮度，标记为 0 ~ 255，所以 RGB 色彩模式的组合颜色数是 256^3，大约是 1678 万种颜色。RGB 色彩模式的表达简洁明了，如某玫红色为 255 135 247。图 2-18 为 RGB 色彩模式中多种颜色的举例。

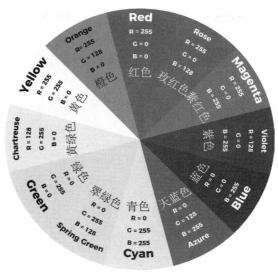

图 2-18　RGB 色彩模式中颜色举例

CMYK 色彩模式也称作印刷色彩模式，顾名思义其主要应用于印刷领域。C、M、Y、K 分别代表青色（Cyan）、品红色（Magenta）、黄色（Yellow）、黑色（Black），将每个颜色的量值范围规定为 0 ~ 100，通过调整各颜色之间的配比可以形成繁多的颜色。图 2-19 为若干种色块对应的 CMYK 值。

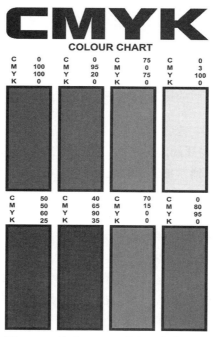

图 2-19　使用 CMYK 值标识颜色示例

RGB 色彩模式中的某一颜色可以向 CMYK 色彩模式转换，但由于 CMYK 色彩模式能够混合出的颜色数量少于 RGB 色彩模式，因此，转换过程难以做到无差别。图 2-20 所示的色卡，就同时标注了某颜色的 RGB 值和 CMYK 值，这类色卡常用于装修、服饰等行业。

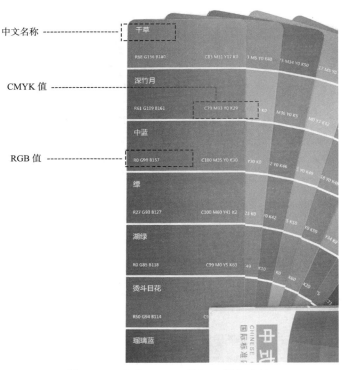

图 2-20　使用 CMYK 值标识颜色示例

2.4　光源色的定量

2.4.1　色温

不同的光源，由于发光物质的成分不同，其光谱功率分布有很大的差异。一定的光谱功率分布表现为一定的光色，通常把光源的光与黑体的光相比较来描述它的光色。

黑体是指在辐射作用下既不反射也不透射，而是把落在它上面的辐射全部吸收的物体。一个黑体被加热到一定限度则向外发光，随着温度不断升高，所发出光的颜色连续变化。从温度低到温度高，其光色的变化顺序是：红→黄→白→蓝→紫。

当光源的颜色与黑体在某一温度发出的光色相同时，此时黑体的温度就叫光源的"色温"（Color Temperature，缩写为 T_c）。色温的单位是绝对温度的单位开尔文（Kelvin，缩写为 K）。将黑体在不同温度时的光色变化绘制在 CIE1931 色度图上就形成了一个弧形轨迹，叫做"黑体轨迹"。不同色温的光色对应着黑体轨迹上的某一点，图 2-21 中标注的 1000K、2000K、3200K、4000K、10000K 即表示该色温所对应的颜色在黑体轨迹上的位置。

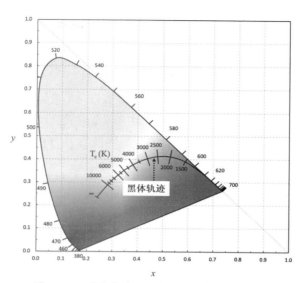

图 2-21　黑体轨迹：黑体不同温度的颜色轨迹

虽然真实情况中，许多光源的发光颜色不一定准确地落在黑体轨迹上，但通常也位于该轨迹附近，所以只能用黑体轨迹上与该光源光色最接近的颜色表示其色温，这就叫作"相关色温"（Correlated Color Temperature，CCT）。当今常用的电光源所标注的色温绝大部分都是相关色温（表 2-4）。

部分常见光源的色温　　　　　　　　　　　　　　　表 2-4

光源	色温	光源	色温
烛光	1900K	满月	4100K
高压钠灯	2000K	晴天中午阳光	5000 ~ 5500K
白炽灯	2700K	日光色荧光灯	6300K
卤钨灯	3000 ~ 4000K	天空光	> 6000K

人们对于不同色温的光会产生温度感觉，觉得高色温冷、低色温暖。因此，常说的暖光色对应低色温，冷光色对应高色温。在对电光源的光色进行分类时常将其光色分为暖白色、白色（中性白）、冷白色、日光色等，各种名称所对应的色温范围大致如图 2-22 所示，这种易于会意的、与主观感受直接对应的光源色温分类命名的方法在室内外照明设计时也常被采用。

图 2-22　光源颜色的分类

　　不同的场合宜搭配不同的色温，色温较高的偏蓝色光和色温较低的偏黄色光会营造出差异明显的氛围。照度水平和光色舒适感存在一定的关系，如图 2-23 所示，低照度搭配低色温、高照度搭配高色温给人的感觉较为舒适，因此，可以根据某空间的照度要求选取合适的色温，以达到更为舒适的照明效果[41]。

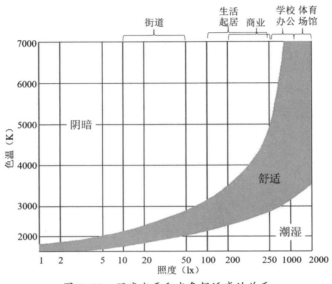

图 2-23　照度水平和光色舒适感的关系

2.4.2　显色性

　　人类的视觉系统是在天然光下进化形成的，在天然光条件下进行了大量的辨色活动，尽管在夏天和冬天、晴天和阴天，其天然光的光色有很大差异，但人眼在天然光下的辨色能力一直是准确的。因此，可以认为在天然光下看到的物体颜色是"真实"的。天然光是评价人工光源显色性的依据。

　　光源的显色性，是指该光源发出的光忠实呈现各种物体颜色的能力。光源的显色性高意味着该光源下各种颜色的物体所呈现出的颜色与这些物体在天然光下所呈现出的颜色差异小。

　　显色指数（Color Rendering Index，缩写为 CRI）是指用 0 ~ 100 表示光源的显色性高低的指标。光源对于不同颜色的显色性会有差异，比如某光源可以忠实呈现绿色，而不能很忠实地呈现红色。在测量显色指数时，规定了 15 个典型色样用于测试，标为颜色 1 ~ 15，分别测量某光源对这些颜色的显色效果，用 R_1 ~ R_{15} 分别表示这 15 个颜色的特殊显色指数。为了能够反映光源呈现各种颜色的一般水平，最常使用"一般显色指数"（R_a），即将光源对 1 ~ 8 典型色样的显色性进行平均后得出的指数，也即 R_a 为 R_1 ~ R_8 的平均值（图 2-24）。由于不少光源对于红色的显色效果较差，因此，在使用的同时，也常常额外对光源的特殊显色指数 R_9 做出要求。

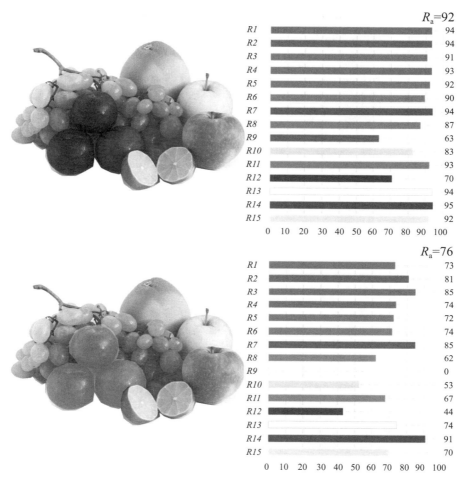

图 2-24　光源显色性说明

　　某光源的显色指数愈高意味着该光源下各种物体的颜色看起来愈真实。显色指数是光源的重要指标之一，是衡量光源光色优劣的依据，但通常情况下高显色指数也意味着更高的成本、偏低的发光效率，因此，在选择灯具的光源时需要根据应用场景进行确定，而不是一味追求高显色指数。表 2-5 为 R_a 等级及应用场景。

R_a 等级及应用场景　　　　　　　　　　　　　　　　表 2-5

R_a	等级	应用场景
90 ~ 100	优	需要色彩精确呈现的场所，如美术馆、展览、商业、有摄录要求的场所等室内空间
80 ~ 90	良	需要色彩正确判断的场所，如办公、商业、起居等室内空间
60 ~ 80	一般	需要一定显色性的场所，如无转播要求的体育场地、廊道、部分广场等室内外空间
< 60	差	对显色性无要求的场所，通常为只是需要一定照度的室外空间或有目的地应用于室内空间

第 **3** 章　建筑采光（上）：天然光的基础知识

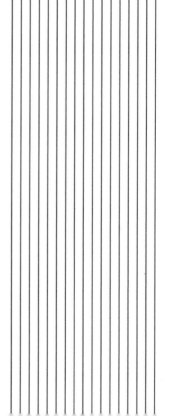

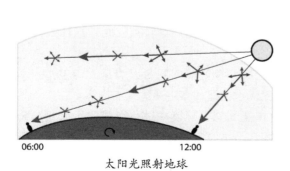

太阳光照射地球

3.1 采光基础

3.1.1 建筑采光的定义

从原始社会遮风避雨的巢居到当今时代形形色色的建筑,尽管采光的做法不尽相同,但无不彰显了人们"光作"的智慧。光环境优良与否是体现建筑设计水平的重要方面,世界上优秀的建筑空间大多运用天然光进行照明或渲染气氛(图3-1)。

图 3-1　北京大兴国际机场使用天然光进行照明的效果

建筑采光是指在建筑中有节制地使用天然光。"采"是一个动词,形象地描述了将环境中的天然光引入建筑室内的动作,但这一过程应该是有明确目的、受人控制的,即将太阳直射光、天空漫射光通过直接入射、反射、散射或是阻隔等方式在建筑内营造出理想的光环境[42]。

有必要指出的是,我们常说的建筑采光指的是建筑天然采光,即使用天然光照明,而不宜使用"自然光"这一名词。因为,严谨地讲,自然光还包括月光、星光、霓虹、极光等来源于自然界的可见光。而"天然光"则更加准确地表示了建筑采光所使用的光源,即太阳光与天空光[7, 43]。

3.1.2 建筑采光的益处

天然光直接照明室内空间,具有节能、舒适、健康等特点。此外,作为一种取之不尽的清洁能源还可以用于发电或集热。

采光是最高效率的太阳能利用方式,采光良好的房间可以满足人们工作、学习、生活对于光环境的需求,是最优选的照明光源,这也是本章讲述的重点内容。

在视觉舒适度方面,人的视觉系统是在天然光环境中进化形成的,因此,天然光环境给人的视觉感受通常会更好,天然光也被认为是显色性最佳的光线。人在天然光下的视觉作业效率高于同照度的灯光环境。避免天然光眩光、照明水平介于合理区间就可营造出舒适的天然光环境，而人工光则需要考虑光色、显色性、光束角、光的方向性、灯光眩光，甚至光谱成分等诸多因素。因此，将天然光引入室内、保持与室外的视线沟通是有益的。

　　天然光是健康的，原因在于天然光的光谱中同时包含紫外线、可见光、红外线等成分，是一种"全光谱"光源。紫外线具有保持环境清洁、抑制细菌的作用，适当的紫外线照射人体有助于体内合成维生素 D 等微量元素以及维持一些激素的分泌，保证骨骼及部分其他身体机能健康，天然光中的紫外线成分也是保持皮肤健康必不可少的。天然光中的红外线具有热作用，室温较低时，太阳直射光的热作用会令人体感觉温暖，皮肤下的血管适当张开，血流加速，人体会感到舒畅（图 3-2），也有研究证实晒太阳有助于长寿[44]。

图 3-2　舒适健康的天然光

　　太阳直射光具有明显的热作用，在建筑内，冬天太阳直射光入射室内有助于升温，夏天合理地遮蔽太阳直射光则可以避免室内过热，节约制冷能耗。

　　天然光蕴含着巨大的能量，在能源问题日益凸显的今天，利用太阳能并将其转换成使用更为方便的能量形式是全社会实现碳中和目标的优选路径，以建筑为载体充分利用太阳能供给建筑耗能也是建筑行业自身的责任和发展趋势。

　　综上所述，良好的采光带来的益处包括：

　　1）有助于降低建筑照明能耗，设计合理时有助于降低制冷取暖能耗。天然光照明是真正的零能耗、零碳排放照明方式，充分采光是建筑业实现"节能""碳达峰""碳中和"目标的重要途径之一。

　　2）舒适、健康以及工作效率高。天然光是人保持健康生理和心理的重要因素[45, 46]，图 3-3 是某室内空间天然光照明和人工照明的对比，天然光照明效果令人感觉更好，心情更舒畅。

　　3）与室外良好的视线沟通。居于室内有与外部环境进行视线沟通的诉求，窗在采光的同时也可充当视线沟通的媒介。

　　4）光线赋予的建筑之美。天然光的运用是建筑艺术创作的重要手段。

　　无论从环境的实用性还是美观的角度，都要求设计师认真规划对天然光的利用，掌握设计天然光环境的知识和应用方法。

图 3-3　某房间天然光与灯光照明效果对比

　　然而，建筑利用天然光是个复杂的问题，主要原因在于天然光是连续变化的，一方面太阳在天空中的位置随时间变化，另一方面天气的变化也会影响天然光，这也导致我国各地天然光资源分配不一。此外，建筑利用天然光还受到周围环境的影响，如相邻建筑或其他元素的遮挡情况、自身建筑形态、开窗方式、层数等，如何科学合理地利用天然光是个需要充分认识、深入学习的问题。

3.2　光气候

3.2.1　天然光的组成

　　太阳发出的光线一部分穿过了大气层，称为"太阳光"，由于太阳距离地球很远，这部分光线可以被认为是平行的；一部分光线在穿越大气层时受其中的气体分子、冰晶、水滴以及污染物颗粒作用被散射开来，由此形成了我们所看到的明亮的天空，这部分光线称为"天空光"。可知，天然光（Daylight）由太阳光（Sunlight）和天空光（Skylight）两部分组成，这是采光领域的一个基础概念（图 3-4）。

　　太阳光与天空光的特点差异显著。太阳光属于直射光，由近乎平行的射线组成，在照射物体的方向上亮度高，有明确的方向性，通常可称为"太阳直射光"；而天空光是由大气层散射后形成的，是一种散射光，由于它来自天穹中各个方向，因此，可以称作"天空散射光"。如图 3-5 所示，直射光与散射光的照明效果不同，直射光由于方向性强可以令物体产生强烈的阴影，而散射光由于不具有明确的方向，因此，照明效果均匀，造成边缘柔和的阴影甚至无阴影。

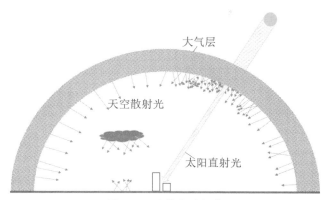

图 3-4　天然光的组成

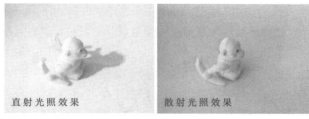

图 3-5　直射光与散射光的照明效果

　　太阳发出的光线在穿越大气层时一部分被散射，无论空中有没有云，都会不同程度地消减其直射光部分。太阳高度角越低，则太阳光穿过大气层的距离越长，太阳直射光部分被消减的越多。由此可知，太阳光在地面所形成的照度随着太阳高度角增加而变大。不同地域年均太阳辐射中直射辐射的占比不同，低的可到 20%，高的可超过 80%，最集中的区间为 50% ~ 70%。

　　天空的亮度完全由大气层的散射作用产生，天空光照度就是天空散射的光线在地面上形成的照度，其数值受到天气的影响。总体上，天空光照度随着太阳高度角升高其变化程度较小，因此，可以认为天空光照度在日间较为稳定。

　　总结一下，晴天的日间，太阳直射光变化幅度较大，天空散射光变化幅度较小，除日出、日落时段，天空光照度远低于太阳光照度，太阳光主导了地面照度。图 3-6 所示为某晴天实测太阳辐射值，该数据很好地说明了此类特征。而在阴天时，天空中没有太阳，天空散射光成为主导，地面照度最低，是最不利于建筑采光的天气状况。

　　由于太阳光与天空光具有上述特性，使得充分利用天空散射光可以实现均匀、稳定的采光效果，而对于强度大、变化强烈的太阳直射光则应根据当时气候进行相应的处理（如遮阳或不遮阳）。

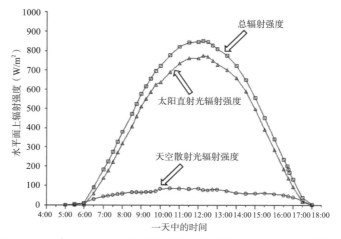

图 3-6　某晴天太阳直射辐射与天空散射辐射在一天中的分布情况

3.2.2　太阳轨迹

太阳在天空中的轨迹是由地球的公转与自转决定的，3 月 21 日前后（春分）太阳直射赤道，这时北半球处于春季；6 月 22 日前后（夏至）太阳直射北回归线，这时北半球处于夏季；9 月 23 日前后（秋分）太阳再次直射赤道，这时北半球处于秋季；12 月 22 日前后（冬至）太阳直射南回归线，这时北半球处于冬季。如图 3-7 所示，对于地面上某观察者而言，一天中太阳从东方升起由西边落到地平面以下，一年中不同时间太阳在空中的轨迹不同。太阳在天空中的位置可由两个角度加以描述，即"太阳高度角"与"太阳方位角"。对于地球上的某个地点，太阳高度角是指太阳光的入射方向和地平面之间的夹角；太阳方位角是以观察者的北方向为起始方向，以太阳直射光在地面的投影为终止方向，按顺时针方向所测量的角度（图 3-8）。以北半球某地为例，一年中冬至日时的太阳高度角最小，夏至日的太阳高度角最大，其余时间太阳轨迹处于其间。表 3-1 中列出了我国 4 个主要城市在 4 个节气正午时的太阳高度角。太阳轨迹对于建筑采光与遮阳设计分析都十分重要，这是产生不同地区建筑地域性差异的主要因素之一。

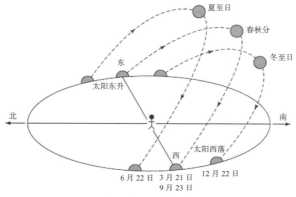

图 3-7　太阳在空中的轨迹（北半球某地点）

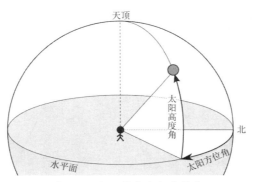

图 3-8　太阳高度角与方位角

4 个主要城市的太阳高度角　　　　　　　　　　表 3-1

城市	坐标	正午太阳高度角（°）		
		夏至日	春分 / 秋分	冬至日
北京	39.5° N，116.2° E	73.9	50.7	27.1
上海	31.2° N，121.5° E	82.2	59.0	35.4
广州	23.2° N，113.3° E	89.8	67.0	43.4
西安	34.3° N，108.9° E	79.1	55.9	32.2

3.2.3　天空状态

　　天气情况会影响天空的状态。在采光领域，天空状态按照天空中云量的多少分为"晴天空""中间天空""全阴天"三大类（图 3-9）。三者通过天空中的云量加以区别，其中云量少于 3 度（即云的面积占天空面积 <30%）的为"晴天空"；云量介于 3 度与 7 度之间的为"中间天空"；云量大于 7 度的为"全阴天"。图 3-10 为某地实测的三种天气情况对应的水平面总辐射随时间变化的趋势，可知：晴天空时地面总辐射最高，全阴天最低，而中间天空介于两者之间。晴天空、全阴天相对较为稳定，中间天空下的地面太阳辐射值随时间变化很快，呈现出不稳定的特点。

图 3-9　"晴天空""中间天空""全阴天"三种天气情况

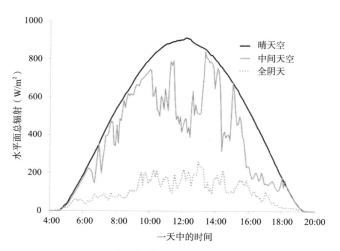

图 3-10　三种天气情况对应的水平面总辐射值

三种天空状态中，全阴天是天空中云量多，未出现太阳直射光（直射辐射占比≈0%），只有散射光的天空状态。全阴天时的地面太阳辐射最低，也意味着照度最低，是对建筑采光最不利的一种情况。

晴天空是指无云或少云情况下的天空状态。晴天空时，天空中最亮的部分为太阳，次之是太阳周围区域。晴天是日照最为强烈的天气情况，直射辐射占比 60% ~ 90%，通常在晴天空中开展采光分析可以获知建筑室内天然光分布的最大值状态。

一般认为中间天空时的天空亮度分布呈现明显的随机性，难以找出明确的规律。但大致上，中间天空（多云天）时的室内照度介于晴天空与全阴天之间。

3.2.4　光气候

光气候（Daylight Climate）的定义为：某地区天然光状况年度内分布典型特征。实际上，光气候主要由太阳直射光的可利用程度决定，即太阳直射光的多少主导了某地的光气候特征。比如：某城市年均直射光累积辐射强度远大于散射光辐射强度，这意味着当地一年中晴天时数多，天然光资源丰富。反之，某地年均直射光累积辐射强度低则说明当地一年中阴天时数偏多，天然光资源相对贫瘠。

根据天然光资源丰富与否，可以划分出不同的光气候区。各光气候区之间的采光策略有所不同。一般地，建筑的形式、朝向、场地的规划都有必要迎合直射光，但如果某地长期高频率地接收太阳直射光，则该地在建筑立面设计时要充分考虑遮阳，以达到充分利用天然光且满足视觉舒适度要求的目的，这种光气候条件也利于光伏应用。而对于多云的气候条件，在满足热工要求的前提下，开窗面积大并且尽可能直接面向天空则更有利。如果某地区的光气候主导特征因季节而变化（如春季多云、夏秋冬季以晴朗为主），当地建筑也应该以某种方式适应这种季节变化。与此同时，建筑采光设计也要考虑当地气候条件，寒冷地区冬季太阳直射光入射室内通常是受人欢迎的，因为阳光可以给室内带来温暖；而对于气候适宜或温热地区而言，常常需要遮蔽太阳直射光线以避免室内过热以及有可能造成的眩光。

图 3-11 所示为纬度不同的三个欧洲城市的光气候特征，图 3-12 为他们的月均太阳辐射以及气温分布情况。由图中可知，罗马的晴天空出现频率最高，全年太阳直射辐射量高，且夏季凉爽冬季炎热，这说明罗马的天然光资源十分丰富，一年中高温与晴天日数较多产生了强烈的遮阳需求，相对小的开窗面积也有助于防止过热。而位于北欧的奥斯陆三种天况的出现频率较为均衡，该地冬季气温低且阳光稀少，夏季凉爽且直射光较为充沛，全年无制冷需求，这就使得当地的建筑设计倾向于充分采光同时做好围护结构保温，并采用灵活可调的遮阳装置遮蔽出现在夏季的太阳直射光。

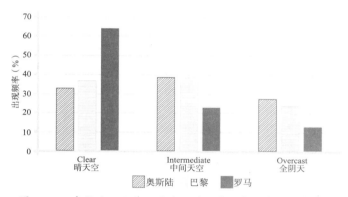

图 3-11 奥斯陆、巴黎、罗马三种天空状态的出现频率比较

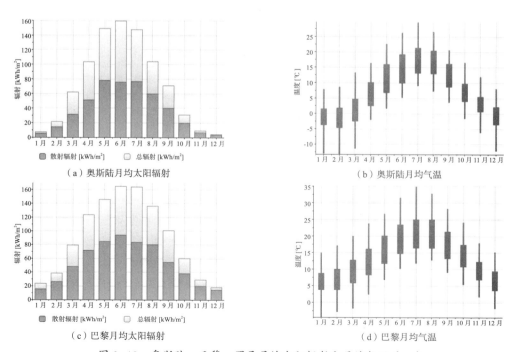

（a）奥斯陆月均太阳辐射

（b）奥斯陆月均气温

（c）巴黎月均太阳辐射

（d）巴黎月均气温

图 3-12 奥斯陆、巴黎、罗马月均太阳辐射和月均气温（一）

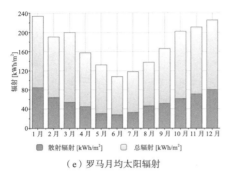

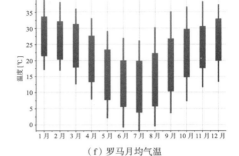

（e）罗马月均太阳辐射　　　　　　　　　　（f）罗马月均气温

图 3-12　奥斯陆、巴黎、罗马月均太阳辐射和月均气温（二）

某地区的传统建筑通常是长期气候适应的产物，图 3-13 为罗马和奥斯陆两地某传统建筑开窗和遮阳做法的对比。图中罗马的传统建筑采用了相对较小的开窗面积且安装了用于遮阳的木质百叶窗；奥斯陆的传统建筑开窗面积相对更大，且适宜使用保温隔热性能更好的窗玻璃材料以及窗框构造，未见安装固定遮阳装置。

（a）罗马某建筑立面　　　　　　　　　　　　（b）奥斯陆某建筑立面

图 3-13　罗马、奥斯陆两地历史街区中建筑立面开窗和遮阳做法

3.3　采光标准

3.3.1　采光系数（DF）

1. CIE 标准全阴天模型

由于全阴天是对于建筑采光而言最不利的情况，因此，在不少采光分析中，均使用全阴天为计算条件，这种选择的思路是：当某建筑在全阴天下的采光量满足了设计要求，则在其他天气状况下也一定可以满足房间对于天然光数量的要求。

天空模型是指描述天穹上亮度分布规律的数学模型。天穹被认作一个半球体，球体中心为观察者（或其他研究对象），观察者直立时头顶正上方与天穹的交点为天顶（Zenith）。

CIE 于 1942 年前后颁布了 CIE 标准全阴天模型（CIE Standard Overcast Sky Model）（图 3-14），该模型中，天空元亮度（L_p）与天顶亮度（L_z）的数学关系式为：

$$L_p = L_z \cdot \frac{1 + 2 \sin\theta}{3} \qquad (3\text{-}1)$$

式中　θ —— 天空元所在位置的高度角。

　　CIE 标准全阴天模型中天空亮度从天顶向水平面方向连续递减，天顶亮度是水平面亮度的 3 倍。

　　CIE 标准全阴天模型是一种人为规定的数学模型，该模型不包含太阳，朝向与时间均不是天空亮度分布的变量，天空亮度分布只与高度角（θ）相关。CIE 标准全阴天模型在建筑采光分析中发挥着重要作用，采光系数即在该天空模型中定义。

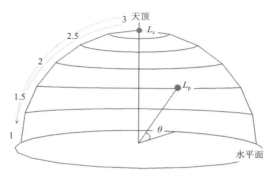

图 3-14　CIE 标准全阴天模型

2. 采光系数的定义

　　采光系数（DF）的定义是：CIE 标准全阴天模型中，建筑室内某一点的照度与同一时刻室外无遮挡处的水平照度之比，其表达式为：

$$DF = (E_p / E_h) \times 100\% \qquad (3\text{-}2)$$

式中　E_p —— 室内某一点的天然光照度；

　　　　E_h —— 室外无遮挡的空旷地带的水平照度。

　　采光系数的测试或计算的条件必须是在全阴天环境下进行，如图 3-15 所示。

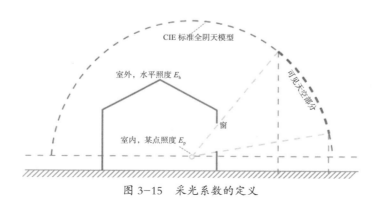

图 3-15　采光系数的定义

采光系数的定义简单，易于理解与推广。如现今对于办公或学习等而言，通常推荐工作面上照度为500lx。假设全阴天时室外空旷地区的照度为15000lx，则桌面对应的采光系数标准值为3.3%[（500/15000）×100%=3.3%]。

3. 采光系数的使用方式

图3-16为某房间在CIE标准全阴天模型下计算得到的室内外各点的照度，室外照度的平均值为17000lx，室内各点的照度值不同，经计算得出了该房间的采光系数分布情况。

如何通过采光系数描述一个房间的采光情况？采光系数平均值（DF_{avg}）与$DF \geq 2.0\%$面积占比是两个最常使用的基于DF的采光指标。

某房间的采光系数平均值（DF_{avg}）为该房间内各点DF值的算数平均值，即

$$DF_{avg} = \sum DF \tag{3-3}$$

虽然DF_{avg}可以较好地描述一个房间平均采光量的多少，但DF_{avg}不能很好地表示采光系数在房间内的分布情况。但由于其定义简单，DF_{avg}仍被国家标准采用并广泛应用。

$DF \geq 2.0\%$面积占比，即某房间内DF大于2.0%的面积占室内总面积的比例。由于$DF = 2.0\%$是最常用的采光系数标准值，因此，$DF \geq 2.0\%$面积占比可以较好地反映某房间内满足采光要求的面积比，在一定程度上表示了采光系数的分布情况。

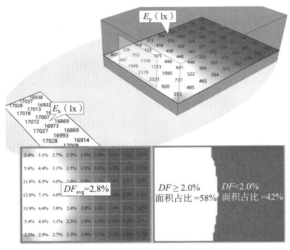

图3-16　DF超过某数值的面积占比

4. 采光系数标准值

采光系数的定义方式决定了其不能反映地域性特征，但在制定采光系数标准值时根据我国不同的光气候分区制定了不同的标准值。

我国幅员辽阔，不同地区年均获得的太阳辐射量不同，这是由地理位置和当地的天气特征导致的。全年平均总辐射最低值在四川盆地，因为该地区全年日照率低、云量多、云低。《建筑采光设计标准》GB 50033—2013中根据年度平均累积太阳辐射量将国土分为5个光气

候分区，从天然光资源最丰富到最匮乏依次分为Ⅰ、Ⅱ、Ⅲ、Ⅳ、Ⅴ区。其中，光气候Ⅰ区包括青藏高原及部分周边地区，该区域年均累积太阳辐射量最高，太阳辐射强烈；光气候Ⅴ区主要集中于四川盆地，该区域年均晴天时数较少，年度累积太阳辐射量低，是我国天然光资源分布最少的区域。表 3-2 列出了部分城市所在光气候区。

部分城市所在光气候区　　表 3-2

城市	北京	上海	广州	西安
光气候区	Ⅲ	Ⅳ	Ⅳ	Ⅳ
城市	拉萨	重庆	包头	乌鲁木齐
光气候区	Ⅰ	Ⅴ	Ⅱ	Ⅲ

在制定采光系数标准值时，选定Ⅲ区作为参考标准，人为规定光气候Ⅲ区的室外天然光设计照度值为 15000lx，其他光气候区与Ⅲ区通过系数 K 值依次增减，表 3-3 所示为光气候系数 K 值及其对应的不同分区的天然光设计照度值。采光系数标准值则根据工作面照度需求与天然光设计照度值的比值设定，如广州地区某工作面要求照度达到 300lx，则该情况下的采光系数标准值为（300/13500）×100%=2.2%，这种做法在一定程度上将地域性气候特征考虑进了基于采光系数的采光评价体系中。

光气候系数 K 值　　表 3-3

光气候区	Ⅰ	Ⅱ	Ⅲ	Ⅳ	Ⅴ
K 值	0.80	0.90	1.00	1.10	1.20
室外天然光设计照度值 E_s（lx）	18000	16500	15000	13500	12000

采光系数不能直接说明房间内照度的高低，但一般情况下室内空间的采光系数与亮暗主观感受存在一定的相关性。表 3-4 中给出了不同采光系数范围所对应的光环境亮暗程度的描述。

采光系数范围及其描述　　表 3-4

采光系数范围	描述
低于 1%	暗，仅适合仓储空间
1%～2%	低照度，适用于不太重要的空间
2%～4%	照度适中，适用于居住空间
4%～7%	中等照度，适用于办公空间
7%～12%	高照度，可以进行精细工作
超过 12%	很亮

5. 采光系数的影响因素

对于建筑采光而言，全阴天是最不利的天气情况，因此，采光系数从来都不是用于衡量建筑采光是否良好的指标，而是用于保证建筑室内能达到最低采光要求的指标。

采光系数的影响因素有如下几方面：

（1）形状：建筑（房间）形状与尺寸；

（2）开窗：开窗大小与位置、窗玻璃、窗的构造、是否有遮阳；

（3）周围环境：场地内的景观或建筑的遮挡情况；

（4）室内表面光学特性：反射率、透射率、质地等。

开窗面积更大、表面反射率更高、使用高透射率的窗玻璃等措施可令采光系数更高。如果仅以采光系数为指标，则会导致开窗越大越好的结论，如此，则全幕墙建筑的采光系数最高。但实际上，全幕墙的建筑往往更容易出现视觉不舒适等方面的问题。

采光系数有诸多不足之处，如采光系数不考虑时间变化，因此，无法基于采光系数开展室内光环境的动态分析；采光系数并不能有效地反映遮阳装置对于室内光环境的影响，因为采光系数不考虑直射光因素，而散射光环境中遮阳装置只会减少天空光进入室内的数量等。

采光系数的不足之处归纳如下：

（1）不区分建筑物朝向，即某个建筑无论朝向哪个方向，其采光系数不变；

（2）不区分项目地点，即某个建筑无论其位于何处，其采光系数不变；

（3）不考虑时间因素，即采光系数与时间无关；

（4）不考虑太阳直射光因素；

（5）不考虑天空状态的差异。

3.3.2 天然光照度

天然光照度（Daylight Illuminance）是指完全由天然光形成的照度。

一般情况下，在各种天空状态中，晴天空的直射辐射最为强烈，因此，晴天空下的室内天然光照度值可以在一定程度上表示某房间照度的上限值。图 3-17 为 CIE 标准晴天空模

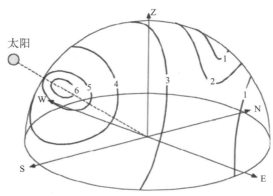

图 3-17　CIE 标准晴天空模型示意

型（CIE Standard Clear Sky Model），由于包含了太阳这个变量，该模型较之 CIE 标准全阴天模型更复杂。因此，在晴天空下开展照度计算需要给出项目所在的地点、计算时间。

晴天空下，某房间的天然光照度随时间变化，项目地点、开窗朝向等因素也影响室内照度。对于某研究对象，当其地点、朝向等因素确定后，则可在不同时刻开展天然光照度分析。由于春分、夏至、秋分、冬至四个重要的节气所对应的太阳高度角分别位于中间、最大、中间、最小，具有代表性，因此，常选择以上日期作为天然光照度分析的日期。

图 3-18 为夏至日、秋分日、冬至日，在 CIE 标准晴天空模型下，位于广州的某房间室内平均天然光照度分布情况，这基本反映了一年中该房间室内平均天然光照度上限值的分布情况。

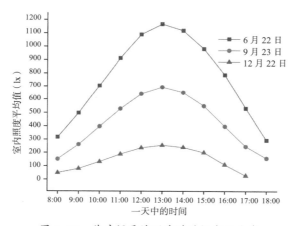

图 3-18　某房间平均照度随时间变化曲线

3.3.3　自主采光阈（DA）

1. 动态采光分析

动态采光分析不同于在 CIE 标准全阴天模型下求取 DF 或在其他静态天空模型下计算某一时刻的建筑内天然光照度分布等静态采光分析，动态采光分析是在年周期上基于当地气候的动态天空模型分析建筑天然光环境的变化情况。通常的方法是在年周期上以固定的时间间隔在当地动态天空亮度分布模型下开展连续的采光模拟计算，最后将采光计算结果经过统计分析后得到动态采光指标值，使用动态采光指标分析、评估建筑的采光效果。相比较于静态采光分析，动态采光分析的最主要优势在于可以反映出建筑内天然光在一天中以及季节间的变化程度与变化特征，由于动态采光分析所使用的动态天空亮度分布模型是基于项目所在地天气数据（如太阳直射辐射值与天空散射辐射值）或其他特征构建的，因此，动态采光分析结果反映了地域性气候特征，更能代表项目的实际采光效果，更科学地描述了建筑采光特性，更能准确地评估建筑采光性能。

2. 自主采光阈

自主采光阈（DA，Daylight Autonomy）的定义是：房间中某一位置一年中在使用时段内工作面照度超过某一目标照度值的出现频率。比如：某房间中位置 A 一年中（每日使用时间为 8:00 ~ 18:00）工作面照度（E_A）超过 300lx 的时间占全年使用时间的 50%，则 A 点的自主采光阈指标值可标记为 DA_{300lx}=50%。

以一个较短的时段（一天）为例说明自主采光阈，图 3-19 所示曲线为某房间中位置 A 在一天之中的照度变化情况，如果选择目标照度值为 500lx，则使用时段（8:00 ~ 18:00）中工作面照度超过 500lx 的时间占比为 57%，因此，位置 A 上的 DA_{500lx}=57%；如果选择目标照度值为 300lx，而位置 A 上工作面照度超过 300lx 的时间占比为 100%，则 DA_{300lx}=100%。其中目标照度值可根据不同作业对于照度需求的最低值设定，但在自主采光阈指标中务必加以说明或注明，否则无法准确判断自主采光阈指标的具体含义。

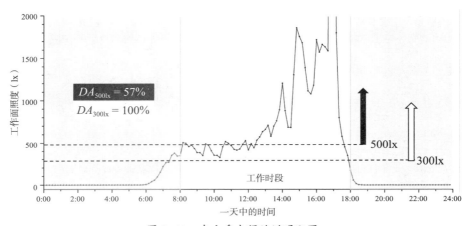

图 3-19　自主采光阈的说明配图

有效采光范围是指仅依靠天然光就可以在上班时间进行工作的区域，一般将 $DA_{300lx} \geqslant 50\%$ 的区域定义为"有效采光范围"。有效采光面积就是有效采光范围的面积。

自主采光阈是一种考虑项目所在地光气候特征的动态采光指标，该指标的标准值不再与我国光气候分区相关。

3. 采光阈占比

采光阈占比是指有效采光范围占房间总面积的比率，即房间内 $DA_{300lx} \geqslant 50\%$ 的区域占房间总面积的比值。

IES（北美照明工程学会）推荐使用 $sDA_{300lx, 50\%}$ 指标用于分析房间采光是否充足，进行分析时的光气候条件为典型气象年（TMY）数据，时间范围（使用时段）为每天 8:00 ~ 18:00。标准中设定了"良好""合格"两个级别的 $sDA_{300lx, 50\%}$ 指标标准值，规定如下：

如果界定某空间采光"良好"，则要求 $sDA_{300lx, 50\%}$ 必须等于或超过 75%，即某房间中不少于 75% 的面积上的 $DA_{300lx} \geqslant 50\%$；

如果界定某空间采光"合格"，则要求 $sDA_{300lx, 50\%}$ 必须等于或超过 55%，即某房间中不少于 55% 的面积上的 $DA_{300lx} \geqslant 50\%$。

采光分析人员可以使用采光阈占比横向比较不同设计方案的采光能力大小，也可以用于分析设计方案是否满足标准要求。图 3-20 上图中 $sDA_{300lx,\,50\%}$=68.5%，意味着其办公空间中有 68.5% 的面积在使用时段中天然光照度超过了 300lx，换言之这部分区域采光充足；而图 3-20 下图中安装了遮阳板的教室 $sDA_{300lx,\,50\%}$ = 54.3%，意味着该空间中 54.3% 的面积为有效采光区域。按照 IES 标准中的规定，$sDA_{300lx,\,50\%}$ 为 55% ~ 75% 属于采光设计合格，因此，可以判定图 3-20 上图中的房间采光设计合格，下图中的房间采光效果未能达到标准中的规定。

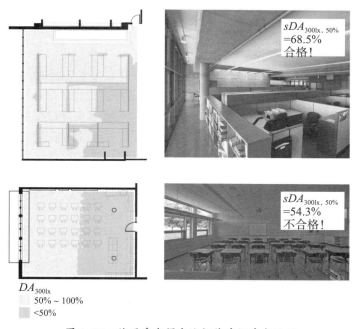

图 3-20　使用采光阈占比评价房间采光示例

3.3.4　天然光眩光指标

眩光指标（Glare Index）是采光标准中不可缺少的部分，是衡量光环境质量的指标之一。眩光的概念与介绍可见第 1.3.5 节中的内容。当室内光环境稳定时，眩光感受随观察者位置及视看方向改变而变化，因此，在描述眩光程度时需要同时说明取值位置与视看方向。眩光问题较之照度更为复杂，通常建议先明确某房间内眩光程度最为严重的位置及视看方向，并在此基础上开展眩光测试与分析。

多种指标均可用于评价眩光程度，且分别适用于不同的场景，包括眩光指标、眼部垂直照度（E_v）、亮度对比度、亮度等。其中眩光指标被我国国家标准以及欧美国家的行业或协会标准所采纳，最常用的天然光眩光指标包括 DGI 和 DGP。

DGI 是 1972 年提出的眩光指标，其数值主要由眩光源亮度与背景的平均亮度之间的差异程度以及眩光源面积与出现位置等因素决定，不考虑 E_v，DGI 的定义公式详见参考文献 [49]。

DGP 于 2006 年提出，其综合考虑了 E_v 以及眩光源亮度与视野平均亮度（与 E_v 相关）之间的差异程度，*DGP* 的定义公式详见参考文献 [50]。表 3-5 列出了不同眩光感受所对应的眩光指标取值范围。

眩光指标限值   表 3-5

	DGI	*DGP*
未察觉（Imperceptible）	< 18	< 0.35
可察觉（Perceptible）	18 ~ 24	0.35 ~ 0.40
干扰（Disturbing）	24 ~ 31	0.40 ~ 0.45
无法忍受（Intolerable）	> 31	> 0.45

眩光会损害视觉，也会造成视觉上的不舒适。当侧窗位置较低时，对于工作视线处于水平的场所极易形成不舒适眩光。故标准提出了侧窗不舒适眩光评价标准。当顶部采光口位置高时，如果位于视野之外，则不易引起眩光感受；但在某些层高较低的开敞空间中，如果天窗出现在靠近视野中心的位置，则会引起眩光感受，此时应限制天窗在视野内的亮度。

第4章　建筑采光（中）：建筑采光分析

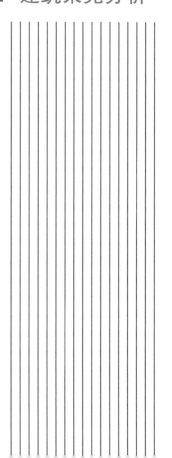

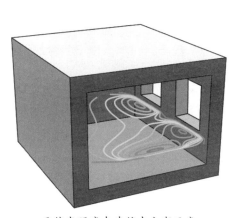

天然光照度在建筑中分布示意

4.1　采光分析

4.1.1　采光目标

建筑采光的目标是在利用天然光的同时保证视觉舒适度、平衡建筑能耗。换言之，某建筑中天然光的利用程度由视觉舒适度和能耗决定。即某空间可以做到主要由天然光进行照明，能够保证良好的视觉舒适度，且该空间的照明、取暖、制冷的总能耗较低（图4-1）。

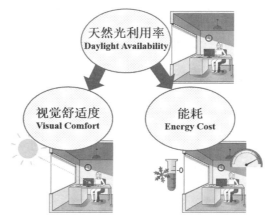

图4-1　良好的采光方案：综合考虑充分利用天然光、视觉舒适度、建筑能耗

通常情况下，更大的开窗面积意味着室内照度平均值更高，但充分利用天然光并不等于室内照度（或采光系数）平均值越高越好，而是指天然光的有效照明范围占比更大，这就要求优化照度分布。足够的开窗面积是保证天然光利用率的基础条件，但这并不意味着房间的开窗面积越大越好。更大的开窗意味着产生视觉不舒适的概率更高，且过大的开窗也不利于降低建筑综合能耗。最基本的，建筑采光设计必须满足国家设计标准中对于天然光照度（或采光系数）、照度均匀度以及眩光的限制。

4.1.2　分析内容

为达到上述采光目标，需要掌握相应的分析技巧，在本课程所包含的采光知识基础上开展建筑采光分析。

第一，天然光照度分析。包括测量或计算得到照度、照度均匀度以及基于照度的指标（如 DF、DA、sDA 等）。对于已建成项目可以通过现场测量的方式掌握室内光环境情况，但在理想条件下定义的指标难以在实际工况下测量，且在建筑设计阶段无法使用现场测量的方法。对于简单形态的房间（如平面为矩形的房间）可以通过经验公式估算出房间的采光系数平均值（DF_{avg}）。对于采光形式复杂的建筑，计算机模拟和缩尺模型测量是获取建筑设计方案采光效果的两种可行途径，两种方法各有利弊。在天然光照度分析部分主要介绍如何通过较为简单的公式估算 DF 以及使用基于 Radiance 的软件模拟获得房间内天然光照度分布的方法。

第二，视觉舒适度分析。视觉舒适度问题较之照度更为复杂，由于眩光是导致视觉不舒适的主要因素，因此，当眩光程度低于某限值时可以认为不存在视觉不舒适问题，即视觉是舒适的。目前常使用眩光指标（DGP、DGI 等）定量描述视觉舒适度。分析视觉舒适度需要采集视线方向上的全视野 HDR 图像，并使用软件读出眩光指标值。对于已建成环境可以通过现场拍照的方式获得 HDR 图像，对于设计方案则可以通过模拟渲染获取。本书介绍如何通过模拟生成全视野 HDR 图像，以及使用 Evalglare 软件加载 HDR 图像获得眩光指标的分析方法。

第三，能耗分析。建筑的采光设计需要综合考虑能耗问题，过大的开窗面积以及部分幕墙建筑可令充沛的天然光进入室内，但也容易造成房间取暖、制冷能耗过高的问题。本书对建筑能耗模拟部分仅做简要介绍。

4.2　天然光照度分析

4.2.1　估算采光系数平均值

1. 侧窗采光

对于侧窗采光的情况，采光系数平均值（DF_{avg}）可使用如下公式估算：

$$DF_{avg} = \frac{A_{glazing}\tau_{vis}\theta}{A_{total}2(1-R_{mean})} \qquad (4\text{-}1)$$

式中　$A_{glazing}$——窗面积；

$\quad\quad A_{total}$——房间内表面总面积（6 个表面之和减去窗面积）；

$\quad\quad R_{mean}$——加权后的平均表面反射率；

$\quad\quad \tau_{vis}$——窗玻璃透射率；

$\quad\quad \theta$——可见天空角度（无遮挡时为 90°）。

以图 4-2 所示研究对象为例，对象建筑及其开窗尺寸、周围遮挡建筑的尺寸见图中标注。其中 R_{mean}=0.5，τ_{vis}=0.72，经计算可知 $A_{glazing}$=5.56m^2，A_{total}=181.4m^2。当对象房间朝向图中左侧时，由于遮挡建筑的存在使得可见天空角度 θ=60°，由以上数值可以得出该房间朝向左侧时 DF_{avg}=1.3%；当对象房间朝向图片右侧方向时，由于没有遮挡，则 θ=90°，此情况时 DF_{avg}=2.0%，可知窗外的遮挡会降低室内平均采光系数。

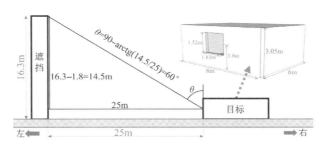

图 4-2　用于 DF_{avg} 估算的侧窗采光房间示例

　　根据预期的采光系数目标值可以估算所需的窗墙比（ *WWR* ），经验公式为：

$$WWR > \frac{DF}{10}\frac{90°}{\tau_{vis}}\frac{}{\theta} \qquad (4\text{-}2)$$

式中　*WWR*—— 侧窗面积与所在墙的面积之比；

　　　　τ_{vis}—— 窗玻璃透射率；

　　　　DF—— 房间平均采光系数目标值。

2. 天窗采光

天窗采光取的 DF_{avg} 可按下式计算[47]：

$$DF_{avg} = \tau \cdot CU \cdot A_c/A_d \qquad (4\text{-}3)$$

式中　DF_{avg}—— 采光系数平均值；

　　　　τ—— 窗的总透射比；

　　　　CU—— 利用系数，按表 4-1 取值；

　　　　A_c/A_d—— 窗地面积比。

利用系数表　　　　　　　　　　　　表 4-1

顶棚反射比（%）	室空间比	墙面反射比（%）		
		50	30	10
80	0	1.19	1.19	1.19
	1	1.05	1.00	0.97
	2	0.93	0.86	0.81
	3	0.83	0.76	0.70
	4	0.76	0.67	0.60
	5	0.67	0.59	0.53
	6	0.62	0.53	0.47
	7	0.57	0.49	0.43
	8	0.54	0.47	0.41
	9	0.53	0.46	0.41
	10	0.52	0.45	0.40
50	0	1.11	1.11	1.11
	1	0.98	0.95	0.92
	2	0.87	0.83	0.78
	3	0.79	0.73	0.68
	4	0.71	0.64	0.59
	5	0.64	0.57	0.52
	6	0.59	0.52	0.47
	7	0.55	0.48	0.43

续表

顶棚反射比（%）	室空间比	墙面反射比（%）		
		50	30	10
50	8	0.52	0.46	0.41
	9	0.51	0.45	0.40
	10	0.50	0.44	0.40
20	0	1.04	1.04	1.04
	1	0.92	0.90	0.88
	2	0.83	0.79	0.75
	3	0.75	0.70	0.66
	4	0.68	0.62	0.58
	5	0.61	0.56	0.51
	6	0.57	0.51	0.46
	7	0.53	0.47	0.43
	8	0.51	0.45	0.41
	9	0.50	0.44	0.40
	10	0.49	0.44	0.40

室空间比（RCR）可按照下式计算:

$$RCR > \frac{5h_x(l+b)}{l \cdot b} \qquad (4\text{-}4)$$

如图 4-3 所示，式（4-4）中:

h_x—— 天窗下沿距参考平面的高度（m）;

l—— 房间长度（m）;

b—— 房间进深（m）。

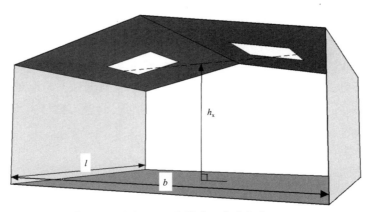

图 4-3　用于 DF_{avg} 估算的天窗采光房间示例

4.2.2 计算机模拟计算

本部分以基于 Radiance 的软件为例。

1. Radiance 简介

Radiance 是模拟光环境并能够将其可视化的一个软件系统。该系统起源于劳伦斯伯克利国家实验室（LBNL）的研究项目，目前已经发展成为一个功能强大的程序包，包含 50 多种工具[48]。与用于游戏场景、效果图渲染等旨在生成不同艺术效果的光线渲染引擎不同，Radiance 生成的是光度数值准确的图像（图 4-4）。目前，诸多建筑采光模拟应用均直接调用 Radiance 或是基于 Radiance 的二次开发。

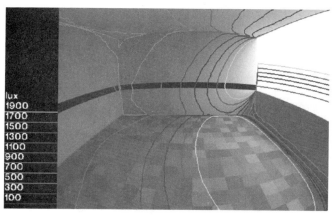

图 4-4　由 Radiance 渲染生成的室内场景与等照度线分布（图片作者：Axel Jacobs）

2. 采光模拟步骤

（1）空间模型与实际房间空间形态、尺寸一致。

（2）材质：不透光材质的反射率、粗糙度、光泽度与实际材料一致，透光材质的透射率、材料表面粗糙度与实际材料一致。

（3）加载天气文件，选择目标地点或距离最近城市的天气文件，应为官方或权威机构发布的标准气象年天气数据（TMY Weather Data）。如果仅计算 DF 则无需此步骤。

（4）计算取值点：根据计算对象空间大小和目标精度确定，点间距不宜大于 2m，高度应为：公共建筑为地面，教育办公建筑为距地面 0.75m，工业建筑为距地面 1m。

（5）模拟结果应与实测结果比较，进行准确度验证，且模拟值与实测值误差不应超过 10%。

3. 建模与 Radiance 材质

在进行采光模拟计算前，需要对目标对象建模并赋予正确的材质。

目前，Windows 平台上基于 Radiance 的采光模拟中的对象建模工作通常依托第三方软件完成，如依托 Ecotect、Rhino 等软件平台的建模功能。Ecotect 软件专门留有调用 Radiance

程序的接口。Rhino 平台上有多个采光模拟应用，可以通过便捷的操作完成采光模拟。

　　正确的材质对于采光模拟结果的准确性十分重要，Radiance 中一共定义了 25 种不同光学特性材质，从最简单的 Plastic（无光泽、低光泽）或 Metal（较高光泽）到复杂的具有 BSDF（双向散射分布函数）特性的材质，均可以按照一定的规则编辑成为材质文件（Radiance Material File）。我们使用最多的材质是 Plastic，如塑料、木材、纸张、水泥、织物等。以 Plastic 材质为例，此类型材料文件的定义如下：

void plastic ##NAME##

0

0

5 redrefl greenrefl bluerefl spec rough

　　其中，redrefl、greenrefl、bluerefl 分别代表该材质对于红色光、绿色光、蓝色光的反射率（0 ~ 1 之间），该数值可以基于该材料的可见光总反射率及其颜色值（RGB 标识）进行较为简单的运算而得出。图 4-5 为使用可见光总反射率和颜色值生成 redrefl、greenrefl、bluerefl 示例。

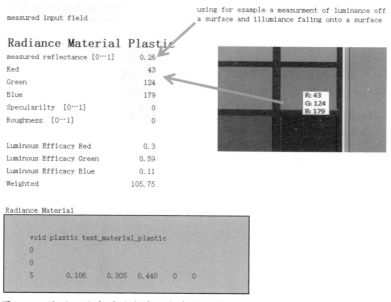

图 4-5　使用可见光总反射率和颜色值生成 redrefl、greenrefl、bluerefl 示例

　　材料文件中的 spec 代表定向反射率，spec=0 代表该材料为哑光材料，spec=0.07 代表该材料为缎子光泽材料；rough 代表粗糙度，rough=0 代表该材料为抛光材料，rough=0.2 代表该材料为低光滑材料。图 4-6 为不同参数组合的材料效果示例。

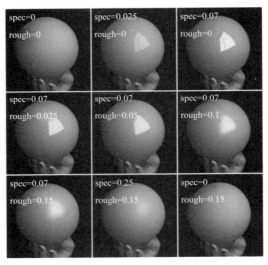

图 4-6　spec、rough 参数组合示例

对于 Metal 类型的不透光材质以及透光材质的 Radiance Material File 均有各自的定义规则，详见网站：www.radiance-online.org。

4. Radiance 计算设定

在建模以及赋材质完成后，应根据空间类型以及计算目标建立分析网格（Analysis Grid），该网格上的交点为计算取值点。通常空间类型不同，取值点的高度不同。对于公共建筑，通常选择地面放置取值点；对于教育办公等类型空间，则通常选择桌面，即距离地面 0.75m 的平面为分析网格所在平面；对于工业建筑，则常选择距离地面 1m 为分析网格高度。网格的间距，即取值点密度则可由空间大小以及预期的计算精细程度决定。对于常规大小的教室、办公室等，其分析网格间距建议为 0.5m。

在进行模拟计算时，如果计算目标为 DF，则默认在 CIE 标准全阴天模型下开展计算。如果计算目标为照度绝对值，则首先要求加载某地区的位置信息（天气文件中包含），进而选择取值时间（月 / 日 / 时），再选择计算的天空模型（Clear/Intermediate/Overcast），最后可得到计算结果。

4.2.3　采光模拟计算示例

以 ANR 办公楼为例说明模拟计算过程，由于该建筑长度较长，因此，选择框线标注的局部进行建模并赋予 Radiance 材质（图 4-7、图 4-8）。

建模赋材质完成后，加载项目所在地天气文件。本项目选择加载萨克拉门托市天气文件（Sacramento_TMY.epw）。

选择工位区域，以距离地面 0.75m 的平面作为计算区域，取值点间距 0.5m。选择 9 月 21 日中午 12 时，在晴天空下进行模拟计算，该区域的计算结果如图 4-9 中所示，图中呈矩阵排列的点为计算取值点。

图 4-7　模拟示例：ANR 办公楼外观与内部

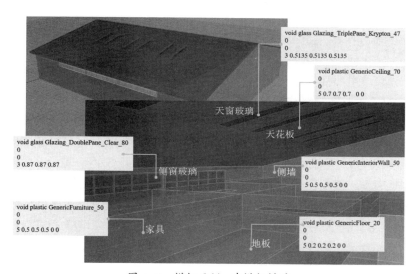

图 4-8　模拟示例：建模与材质

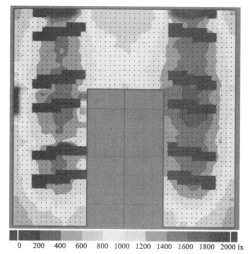

图 4-9　模拟示例：某时刻室内天然光照度模拟计算结果

据此，可以开展其他时刻、其他天空状态下的室内照度分布情况，并基于模拟结果开展进一步分析。获取 DA 或 $sDA_{300lx,\ 50\%}$ 的动态采光模拟计算与该示例流程类似。

4.3　视觉舒适度分析

4.3.1　视觉舒适度的概念

视觉舒适度是指人体视觉系统对于周围光环境的主观满意程度。影响视觉舒适度的因素包括：房间的明暗程度、亮度对比度、眩光程度、光色（色温、显色性）、是否存在频闪、光环境的稳定程度、视野内的景观、时间因素以及人体生理、心理状态等。

天然光环境中影响视觉舒适度的可量化因素主要包括：明暗程度、对比度、眩光等，其中眩光是导致视觉不舒适的主要因素。可以认为，眩光程度受限意味着导致视觉不舒适的因素弱化。而且，眩光程度与明暗程度、对比度等相关，因此，目前学界主要使用天然光眩光指标评价天然光环境中的视觉舒适度。

有必要指出，眩光是一个复杂的现象集合，其类型多种多样，对具体问题进行具体分析是进行眩光评价的正确态度。眩光评价是个复杂的问题，瞬时时刻上天然光眩光的影响因素包括：眩光源亮度、眩光源在视野中的出现位置、眩光源面积、眼部垂直照度（用于描述视野内总体明亮程度）、对比度以及出现时间等。根据视觉场景的不同，上述因素中某个或某些会发挥主导因素，因此，如第 3.3.3 节中所述，存在多个可用于评价眩光程度的指标。

一般而言，侧窗采光房间中近窗位置是较易出现眩光的区域。在这种场景中，眩光指标 DGP 的表现较好，但其他眩光指标均有相应的适用场合。眩光指标 DGP、DGI 的数值范围与所对应的眩光程度见表 3-5。

4.3.2　天然光眩光分析

1. HDR 图像

分析眩光程度需使用人视野范围内的亮度图像，图 4-10 为 ANR 办公楼中某一视线方向上的人视野亮度图像，眩光分析计算通常需基于此类全视野亮度图像。

视野范围内的亮度图像可以通过实地拍摄和模拟渲染两种方法获得，两者的目标文件均为 HDR（High-Dynamic Range，高动态范围）图像。使用数码相机直接拍摄的图像默认为 LDR（Low-Dynamic Range，低动态范围）图像，受限于常规数码相机的感光元器件的性能特点，单次曝光后所拍摄的图像中的像素灰度值只能与客观环境中部分阈值范围内的亮度值呈线性关系，此类单次曝光拍摄的图像称为 LDR 图像。如果想通过数码相机记录客观环境中更宽阈值范围内的亮度值，只有以不同曝光量对同一场景进行多次拍照，进而通过程序将多张图像进行叠加合并，以新的图像文件格式进行存储，这种由多张 LDR 图像叠加合并形成的图像就是 HDR 图像。

如果通过实地拍摄获取 HDR 图像，需要使用安装全视角鱼眼镜头的数码相机，在固定位置连续拍摄不同曝光程度的一系列照片，合成 HDR 图像。图 4-11 为将不同曝光程度

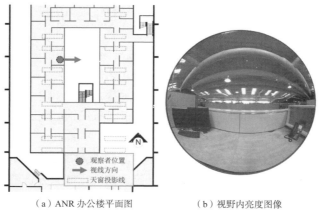

（a）ANR 办公楼平面图　　　　　（b）视野内亮度图像

图 4-10　视野范围内亮度图像示例

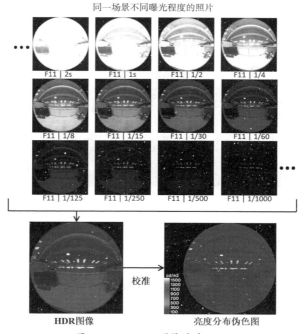

图 4-11　HDR 图像生成示例

的 LDR 图像通过场景中间区域某位置的亮度或者相机镜头处的垂直照度进行校准后得到的 HDR 图像。

此外，通过计算机模拟渲染可以直接得到数字模型中某视野中的 HDR 图像，具体详见第 4.3.3 节眩光分析示例中的内容。

2. 眩光源

眩光源是指视野中出现的高亮度区域。眩光源的亮度越高造成的眩光感受越强烈，但亮度超过多少可以被认作眩光源？目前，在天然光环境下认定眩光源的方式主要有如下 3 种：

（1）固定亮度值。即设定某一亮度限值，亮度超过该限值的部分则被认定为眩光源。该方法的不足在于未考虑视觉的亮度适应范围。

（2）N 倍视野范围内亮度均值。即亮度值超过场景亮度均值 N 倍的部分为眩光源。该方法的不足是在明亮的环境中只有少部分区域被认定为眩光源。

（3）N 倍工作面亮度均值。即亮度值超过工作面亮度均值 N 倍的部分为眩光源。

图 4-12 为同一场景中按照上述三种不同认定方式所识别出的眩光源范围，图中侧窗位置深色区域代表眩光源，左侧为使用大于固定亮度限值 2000cd/m² 所识别出的眩光源范围，中间为使用大于 5 倍场景亮度均值所识别出的眩光源范围，右侧为使用大于 7 倍工作区域亮度均值所识别出的眩光源范围。不同的眩光源认定方法对于眩光分析结果存在一定影响，在进行眩光分析时有必要说明眩光源的认定条件。

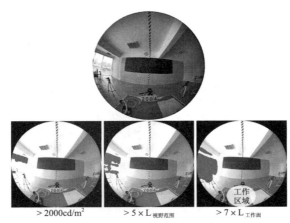

图 4-12　三种眩光源认定方式示例

3. 使用 Evalglare 计算眩光指标值

Evalglare 是较为常用的眩光指标计算软件，针对 HDR 图像进行运算，可以输出包括 DGP、DGI 等在内的多个眩光指标值以及眩光源亮度信息等。Evalglare 可以通过输入命令进行眩光分析计算，若干天然光分析程序中的眩光分析功能也多是调用该程序。具体的使用说明详见参考文献 [51]。

4.3.3　眩光分析示例

房间内的眩光程度根据观察者位置与视线方向不同而不同，首先需要明确开展分析的场景。熟悉房间的采光方案、掌握房间的使用情况有助于确定分析场景。当房间由一人使用，座位固定且具有一定的视看习惯时（如单人办公室），问题较为简单；当房间使用人数较多时，通常建议针对眩光问题最为严重的场景进行分析。

某一场景中的眩光程度在不同时间由于天况的变化而不同。通常情况下，晴天空时、有阳光直射时的眩光程度更高，在某些特殊日期上开展连续的眩光分析便于说明问题。

　　眩光分析可以通过现场测量和模拟渲染两种方法进行，此处以模拟渲染为例开展眩光分析。图 4-13 为 ANR 办公楼中眩光分析场景，选择夏至日（6 月 22 日）、秋分日（9 月 23日）以及冬至日（12 月 22 日）为分析日期，将上述三个日期 8:00 ~ 18:00 间整点时刻设置为分析时间点，在 CIE 标准晴天空模型下通过模拟渲染生成全景 HDR 图像。

图 4-13　眩光分析示例：ANR 办公楼中眩光分析场景

　　渲染所得 HDR 图像无需校准，直接使用 Evalglare 程序对 HDR 图像进行眩光计算，眩光源的认定方式为大于 7 倍工作面亮度均值，本案例以 DGI 结算结果为例，其眩光分析结果见图 4-14。由于 DGI 超过 18 即意味着有眩光感受，因此，该场景一年中的大部分时间存在眩光问题，由于视线朝东，早晨的眩光问题较之下午严重。

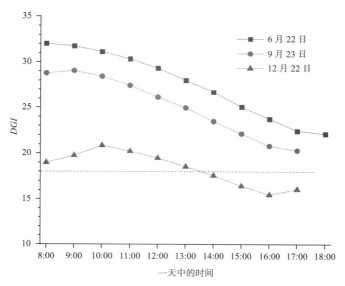

图 4-14　眩光分析示例：DGI 计算结果

4.4 能耗分析

4.4.1 能耗分析简介

建筑能耗通常是指建筑的运行能耗，即在住宅、学校、办公建筑、商场、宾馆、交通枢纽、文化娱乐设施等建筑内，为使用者提供取暖通风制冷（HVAC）、照明、生活热水及其他为了实现建筑的各项服务功能所消耗的能源。建筑能耗高低取决于各个组成系统的整体性能、使用情况、项目所在地的气候以及周围环境等诸多因素。建筑采光设计方案对建筑能耗的影响主要在于两方面：一方面，窗户的热工性能与墙体或屋顶存在差异，过大的开窗面积可能不利于建筑节能表现；另一方面，当人工照明与天然光联动时，采光也可降低人工照明能耗。

总体上，建筑实际耗能是一个影响因素众多的复杂现象，通过建筑能耗模拟可以在项目设计阶段了解设计方案的大致耗能情况，有助于优化设计。能耗模拟涉及选择环境参数、按照实际设置使用情况、为各个建筑构件选择正确的材质、选择正确的负荷参数等。较为常用的建筑能耗分析软件之一为 EnergyPlus，它是一款建筑能耗模拟引擎，可以用来对建筑的采暖、制冷、照明、通风以及其他能源消耗进行全面能耗模拟分析和经济分析。常见的 EnergyPlus 用户界面有 OpenStudio 和 DesignBuilder。

能耗模拟的步骤可以简要归纳为：

（1）建筑模型：将建筑模型文件导入能耗分析软件，建筑模型的形状、尺寸与实际建筑外形、内部空间一致。

（2）加载天气文件：选择目标地点或距离最近城市的天气文件，应为官方或权威机构发布的标准气象年天气数据（TMY Weather Data）。

（3）设置分析对象：一栋建筑由若干楼层组成，每层包含若干房间，设定建筑层数、层面积以及各个房间所在楼层、面积、所属热工分区、房间各表面构造与材质、使用时间表、负荷等属性。

—— 构造与材质：根据实际或设计预期选择某房间的各组件构造与材质，包括：外表面，内表面的墙体、地板、天花板等组件，内外表面的侧窗、天窗、门，以及遮阳板、隔断等。

—— 使用时间表：根据各空间的实际使用情况设置使用时段、使用率以及各类耗能设备的运行时间表。

—— 负荷：包括使用人数，灯具、燃气、用水设备等的功率密度。

（4）设置热工分区：按照供暖空调系统对建筑空间进行区域划分，即"热工分区"，设置各热区内的 HVAC 参数。

（5）设置模拟计算参数：选择合适的模拟计算参数，包括：计算时间范围、取暖制冷系统缩放系数、时间步长等。

4.4.2　能耗分析示例

仍以 ANR 办公楼为例，使用 EnergyPlus 对该建筑进行能耗分析，进而衡量采光方案是否满足能耗要求。

ANR 办公楼为 2 层坡屋顶建筑，其中一层为由隔断划分出的独立办公室，二层由开敞式办公区和架空区组成。本案例仅对二层部分进行模拟。图 4-15 为 ANR 办公楼的数字模型以及部分墙体、屋顶、侧窗、天窗的构造与材质设定。

ANR 办公楼的使用时段以及设备、照明的运行时间表可以按照实际情况进行设置或参考同类型办公建筑的数据。

建筑中的负荷包括人员数量，照明、用电器等设备的功率密度等，应按照实际使用人数或实际装机容量进行设置。如果参考同类型建筑的设备功率密度以及人员密度，应以办公区面积为基准。

粗糙程度:Very Rough　密度:1121kg/m³　导热率:0.16W/m·K
◆屋顶防水薄膜
◆100mm轻质混凝土
粗糙程度:Medium Rough　密度:1280kg/m³　导热率:0.53W/m·K
隔热空气间层
热阻:0.18m²·K/W
◆吸声板
粗糙程度:Medium Smooth　密度:368kg/m³　导热率:0.06W/m·K

◆带窗格的塑料天窗
辐射透射率：0.837　可见光透射率：0.898
辐射反射率：0.075　可见光反射率：0.081
导热系数：0.9W/m·K

天窗
屋顶
侧墙

◆100mm砖块
粗糙程度:Medium Rough　密度:1920kg/m³　导热率:0.89W/m·K
◆200mm重质混凝土
粗糙程度:Medium Rough　密度:2240kg/m³　导热率:1.95W/m·K
◆50mm隔热板
粗糙程度:Medium Rough　密度:43kg/m³　导热率:0.03W/m·K
隔热空气间层
热阻:0.15m²·K/W
◆19mm石膏板
粗糙程度:Medium Smooth　密度:800kg/m³　导热率:0.16W/m·K

侧窗
◆3mm透明玻璃
辐射透射率：0.677　可见光透射率：0.689
辐射反射率：0.273　可见光反射率：0.260
导热系数：0.387W/m·K
◆13mm空气层
热阻：0.15m²·K/W
◆3mm透明玻璃
材料性能同上

注：所有非透明材料默认热量吸收率为0.9，默认辐射吸收率为0.7，默认可见光吸收率为0.7。

图 4-15　模拟示例：建筑模型与各组件构造及材质

以二层为例，该层建筑面积 1216m² （图 4-16），分为办公区与架空区两个部分，但由于是开敞空间故而设置为一个热工分区，即热区 #1（Thermal Zone #1）。热区 #1 的 HVAC 参数设置主要包括制冷目标温度、空气湿度、最低单位面积冷气流量等，以及取暖目标温度、空气湿度、最大单位面积热气流量等。

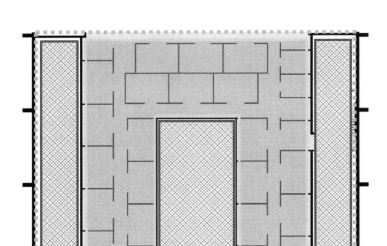

图 4-16　模拟示例：ANR 办公楼二层平面与热工分区

　　完成计算输出设置后开始计算，能耗模拟计算结果显示该区域内建筑总能耗为 439.95 GJ，即 $1.22 \times 10^5 \mathrm{kW} \cdot \mathrm{h}$，折合单位能耗为 $100.3 \mathrm{kW} \cdot \mathrm{h/m^2}$。至此，通过三项模拟分析可以综合参考采光表现、视觉舒适度、能耗情况，进而评定采光方案是否合理，或作为依据对设计方案进行调整。

扫码看彩图

第5章 建筑采光（下）：建筑采光设计

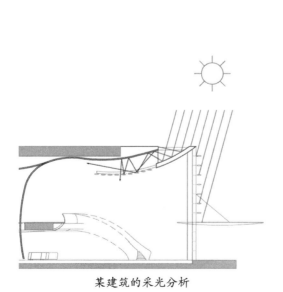

某建筑的采光分析

5.1　采光设计步骤

5.1.1　收集资料

开展采光设计的第一步是收集、了解与建筑采光设计相关的资料。包括：项目所在地气候、场地周围环境情况、设计对象对采光以及其他功能的要求等。

1. 熟悉气候条件

气候条件包括：干球/湿球温度（℃）、相对湿度（%）、云量（%）、风速（km/h）、风向（°）、降水量（mm）、太阳直射辐射（W/m²）、水平面散射辐射（W/m²）。其中，与建筑采光设计最为相关的参量为太阳直射/散射辐射以及温度，太阳直射/散射辐射的分布情况反映了当地的光气候特征，而了解当地月均气温有助于设计师在开展能耗分析之前做到心中有数。

采光的原则是在满足建筑节能标准的前提下充分利用天然光进行室内照明，以平衡天然光利用率和建筑能耗。我国划分为五个建筑热工设计气候区域：严寒地区、寒冷地区、夏热冬冷地区、夏热冬暖地区和温和地区。不同气候区内的建筑采光设计应遵循相应的规律。结合我国的气候特点，对于严寒地区、寒冷地区应注意采光口面积过大可能导致的冬季取暖耗能过高的问题，夏热冬暖地区在使用较大面积开窗的同时应注意采取措施防止夏季过热，夏热冬冷地区则介于两者之间。对于气候炎热、太阳辐射全年较强的地区，采光设计时应主要考虑避免室内过热。充分遮阳、较小的开窗面积、透射率低的窗玻璃材质以及使用较厚实的窗帘是较为常见的做法。

遮阳是建筑采光设计中的重要一环，气候条件是决定遮阳方案的主要因素。不同气候条件下的建筑所采用的遮阳时段不同，加之不同地区之间的太阳高度角不同，遮阳设计应因地制宜。

2. 了解设计对象对采光的要求

（1）房间的工作特点及精密度要求。这在一定程度上决定了对照明水平的需求，对于需求较高照度的空间类型，应布置在更利于采光的位置并进行合理的采光设计。

（2）工作面的位置、工作对象的表面状况。由于建筑使用功能、空间布置、家具布置等不同，导致房间内工作面的位置不同，采光设计应考虑上述因素。工作对象的表面状况也影响着其在光环境中的视觉表现，良好的采光设计应能够更好地帮助使用者视看目标对象。如图5-1所示，教室中的视看平面之一是黑板面，它是教室最前方居中的垂直面。当今黑

图 5-1　某教室内部场景

板面主要为带有一定光泽度的墨绿色表面、光泽度较高的液晶屏表面、粗糙的白色幕布等材质，教室前方明亮的侧墙有可能在黑板面范围内形成反射眩光，导致部分视线方向受干扰，看不清文字、图表等内容。这些问题在采光设计时应给予考虑。

（3）是否允许直射阳光进入房间。部分空间对于强烈的太阳直射光较为敏感，比如：部分博物馆出于保护展品的目的不宜有阳光直射，部分有媒体转播需求的空间出于光环境的均匀度、稳定度的要求不能有阳光直射，部分比赛级别的体育馆由于需要严格限制眩光也不允许有直射光进入等。这些需求应在采光设计时给予关注。

（4）不同工作区域对采光的要求。不同的功能分区对于采光的需求也有差异，建筑设计时应充分考虑采光潜力，做到合理组织功能区，在此基础上，采光设计也应考虑功能分区布置情况。比如在不利于采光的区间布置次要功能区，将采光良好的区域用于布置主要功能空间。图 5-2 为伦敦市政厅剖面，在北向布置螺旋式楼梯，将办公室布置在南向且层间有一定的遮阳作用，这一设计正是出于优化利用天然光的考虑。

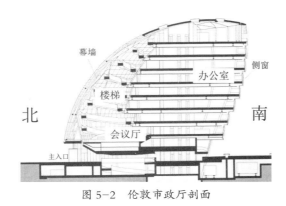

图 5-2　伦敦市政厅剖面

3. 了解设计对象的其他功能要求

如采暖、防热、通风、泄爆、防紫外线等。

5.1.2　场地分析

场地分析是开展建筑采光设计的第二个步骤。场地周围的建筑以及其他遮挡会影响建筑物采光，影响程度由遮挡物的距离、高度、空间布局等因素决定。通过场地分析可以量化建设用地范围内各部分受影响的程度，明确优选用地位置，有助于形成更优化的设计方案。

场地分析所使用的目标值为一年中单位面积上累积获得的太阳总辐射量（单位：$kW \cdot h/m^2$）。在我国大部分地区，建设用地通常优选太阳辐射充沛的地点。以广州地区的一块 L 形场地为例，该场地周围的遮挡情况为少量遮挡、南向遮挡、南向西向遮挡三种情况，通过模拟得到上述三种遮挡情况下 L 形场地年度太阳总辐射量，结果如图 5-3 所示。

基于场地分析结果，如果需要 2000m^2 建设用地，在三种场地情况中优选出的用地范围如图 5-4 所示。

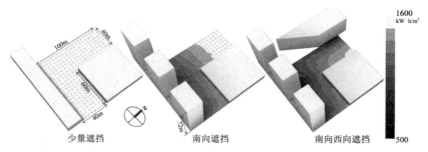

图 5-3　某 L 形场地在三种遮挡条件下的年度太阳总辐射分布情况

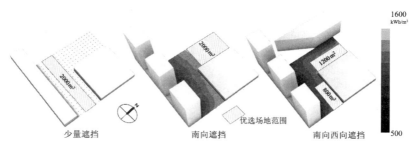

图 5-4　三种场地条件中优选场地范围

5.1.3　空间形态设计

建筑物的空间形态直接影响采光结果，朝向、平剖面尺寸等都是优化设计的内容。在场地分析的基础上，通过横向比较可以选择采光效果相对较好的空间形态方案。

以南向西向遮挡的场地条件为例，以 20000m² 的建筑面积为设计约束，提出了四组空间形态设计方案。通过采光模拟计算，使用采光阈占比（$sDA_{300lx, 50\%}$）为衡量指标对四组空间方案进行比较择优，假设项目所在地为广州，每栋建筑都采用侧窗采光，窗墙比 $WWR=90\%$，无遮阳措施，空间方案的简要描述以及采光模拟结果如图 5-5 所示。根据总有效采光面积的计算结果可知，四组方案的采光优劣排序为：方案 3> 方案 4> 方案 2> 方案 1。

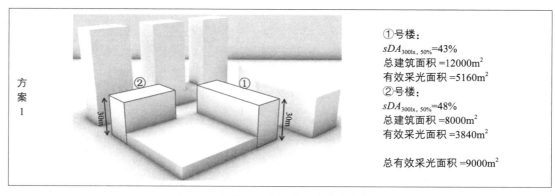

图 5-5　四种空间形态方案及对应的采光表现（一）

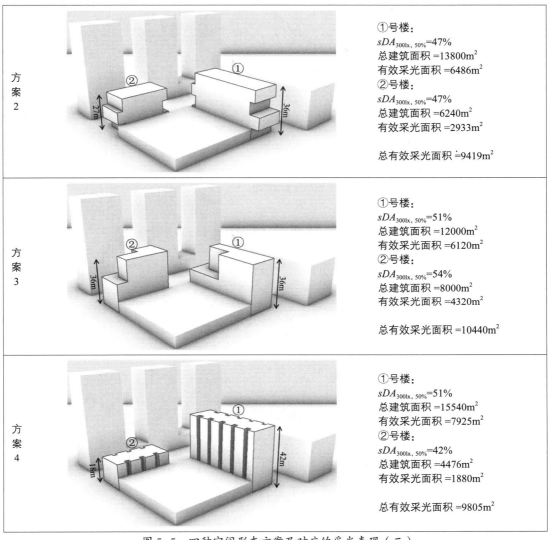

①号楼：
$sDA_{300lx, 50\%}$=47%
总建筑面积 =13800m²
有效采光面积 =6486m²
②号楼：
$sDA_{300lx, 50\%}$=47%
总建筑面积 =6240m²
有效采光面积 =2933m²

总有效采光面积 =9419m²

①号楼：
$sDA_{300lx, 50\%}$=51%
总建筑面积 =12000m²
有效采光面积 =6120m²
②号楼：
$sDA_{300lx, 50\%}$=54%
总建筑面积 =8000m²
有效采光面积 =4320m²

总有效采光面积 =10440m²

①号楼：
$sDA_{300lx, 50\%}$=51%
总建筑面积 =15540m²
有效采光面积 =7925m²
②号楼：
$sDA_{300lx, 50\%}$=42%
总建筑面积 =4476m²
有效采光面积 =1880m²

总有效采光面积 =9805m²

方案 2　　方案 3　　方案 4

图 5-5　四种空间形态方案及对应的采光表现（二）

5.1.4　开窗

建筑采光设计的核心是窗的设计。窗的功能包括：引入自然光、控制自然通风、沟通室内外视线等。同时，窗也是建筑艺术创作的重要环节。

1. 选择采光口形式

建筑物内可采取几种不同的采光口形式，以满足不同的需要。如进深大的房间，可重点尝试解决大进深区间采光不足的问题。对于有条件开设天窗的楼层或房间，可以通过天窗提高室内采光效果，但应避免过量阳光直射室内。部分建筑由于平面较大，中心区域难以采光，可以尝试通过布置中庭提升有效采光面积。图 5-6 为几种不同的采光口形式，应根据实际条件和使用需求合理选择。

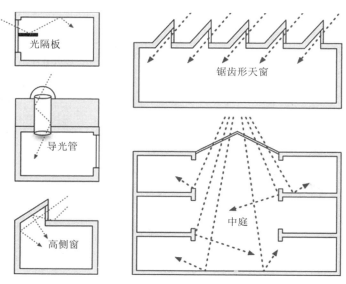

图 5-6　不同的采光口形式

以图 5-5 方案 3 中的①号楼为例,该建筑为综合性办公建筑,根据平面划分以及设计师意图可以采用多种开窗方式。图 5-7 为该建筑可采用的采光口形式示意。更具体的侧窗、天窗采光性能将在后续章节中介绍。

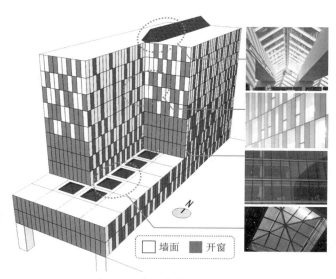

图 5-7　建筑采光口形式示意

2. 分析开窗面积

开窗面积是影响房间采光量最主要的因素。除了使用开窗的实际尺寸以及数量之外,窗墙比(WWR)也常用于描述建筑的开窗面积。在搭建某房间的 WWR 分析模型时,应根据房间尺寸均匀布置一定数量的同尺寸窗口，使得开窗面积满足 *WWR* 数值。通过采光模拟可以较为便捷地掌握某建筑或某房间的 *WWR* 所对应的采光效果。一般而言，对于某场地环境中的某建筑，开窗面积或 *WWR* 与该建筑中的 *DF*（DF_{avg} 或 $DF \geqslant 2\%$ 面积占比）变化趋势相同。除了使用基于 *DF* 的指标外，也建议通过 *sDA* 分析不同 *WWR* 对应的采光效果。图 5-8 所示为图 5-5 方案 3 中①号楼不同 *WWR* 所对应的 $sDA_{300lx,\,50\%}$，设计时可以根据该结果进一步分析建筑能耗，确定适用的开窗面积值。

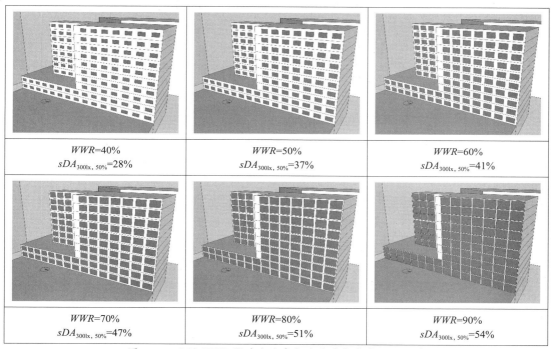

图 5-8　不同 *WWR* 所对应的采光效果（窗玻璃 $\tau_{vis}=0.80$）

5.1.5　遮阳设计

遮阳的作用在于避免室内产生眩光，有助于营造舒适的视觉环境。同时，遮阳也有助于建立舒适的热环境，避免夏季过热，从而降低制冷能耗。然而，某些时段（如冬季）人们又希望太阳直射光入射室内，此时直射光入射室内有助于加热室内，遮阳的存在不利于降低取暖能耗。

遮阳是指通过在窗上安装遮阳装置遮蔽太阳直射光，在进行遮阳分析时将太阳直射光视为由天空中一点（太阳位置）发出的平行光线。遮阳装置分为动态遮阳装置和固定遮阳装置，百叶、卷帘、可动外遮阳等属于动态遮阳装置，固定遮阳装置可分为水平遮阳与垂直遮阳两大类。遮阳板的尺寸与安装位置可针对太阳位置（太阳高度角、方位角）与窗口的连线开展几何分析后确定。通常建议东西向的窗口使用垂直遮阳板（图 5-9），因为垂直遮阳板可以较好地遮蔽低位的太阳直射光；南向窗口（北半球地区）则可使用水平遮阳板（图 5-10），因为水平遮阳板可以遮挡来自高位的太阳直射光；水平遮阳与垂直遮阳相结合的设计（图 5-11）也可以在东向、西向、南向立面取得良好的遮阳效果；对于建筑的北立面则通常不需要安装固定遮阳装置，因为太阳直射光仅在较少的时段内（通常为清晨及日落前）直射建筑北立面。

图 5-9　垂直遮阳　　　　　图 5-10　水平遮阳　　　　　图 5-11　水平＋垂直遮阳

固定遮阳设计时需要重点考虑以下两点：

（1）遮阳时段；

（2）使用何种形式的遮阳能够满足在需要的时段内遮蔽直射光。

如前文所述，并非所有的时段都需要完全遮蔽太阳直射光，因此，根据项目地点的实际气候条件确定合理的遮阳时段是遮阳设计的关键，明确了遮阳时段后就可以根据该时段内太阳的位置进行遮阳设计。大致而言，对于我国大部分地区，夏季太阳直射光未经遮挡直接入射室内会造成强烈的眩光，也会导致室内过热，显著增加室内制冷负荷；冬季室温较低，阳光入射室内非但不会令人不适，反而觉得暖和，此时当然无需遮蔽太阳光。最为简单的确定遮阳时段的方法是使用环境温度高于某值的时段，学者奥戈雅兄弟于 1957 年提出环境温度大于 21℃（$T_{ambient} \geq 21℃$）的时段可设定为遮阳时段，这是一种最为简单的方法，在实际应用中使用该方法存在某些问题，新建建筑与 20 世纪 50 年代的建筑水准已经不可同日而语。除此之外，目前还在普遍使用采暖度日数（HDD）与降温度日数（CDD）两个概念求取的平衡点进行确定。采暖度日数是指一段时间上（如一年、一个月）室外日平均温度低于 18℃的数值的累加值；降温度日数是指一段时间上（如一年、一个月）室外日平均温度高于 18℃的数值的累加值。图 5-12 为 2017 年广州市月度 HDD 与 CDD 数值，将两条曲线的交叉点设置为平衡点，遮阳时段以夏至日为时段中心，由此得出"短遮阳时段""适中遮阳时段""长遮阳时段"三个时段，可以根据需求进行选择。由此数据可知，广州地区的短遮阳时段为 2 月下旬至 10 月中旬。

遮阳时段确认之后，则可以进一步考虑通过何种形式实现遮阳。固定遮阳设计过程是根据太阳光入射角度开展几何分析，图 5-13 为图 5-5 方案 3 中的①号楼可使用的遮阳方案。面对相同的太阳光入射角，可以使用多种不同的形式实现遮阳的目的，但不同的方案对于房间采光的影响程度也不尽相同，这种影响可以体现在房间采光系数的差异上，如果使用动态采光指标评价则差异更为显著，因此，有必要对不同的遮阳方案进行比选以确定最终实施的方案。

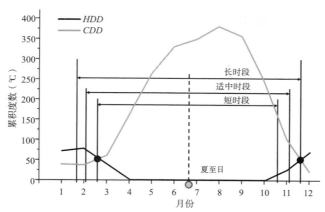

图 5-12　2017 年广州市月度累积度数与遮阳时段说明

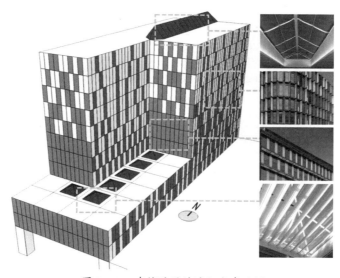

图 5-13　建筑适用的遮阳方案示例

5.1.6　方案校验

对采光设计方案进行校验，满足采光系数、眩光、能耗等方面的标准要求。

5.2　侧窗、天窗、中庭、导光管

5.2.1　侧窗采光分析

侧窗是最常见的开窗类型，其构造简单、布置方便、造价低、与室外的视线沟通好。仅有一面侧墙上开了窗的叫作"单侧窗"，两边侧墙上都开了窗的叫作"双侧窗"，安装位置高的侧窗叫作"高侧窗"，立面上的玻璃幕墙也可以被认为是一种侧窗。不同的开窗法对应着不同的采光效果。

　　单侧窗采光房间中，天然光照度随进深增大而迅速降低。大进深区间照度最低，且照度分布不均匀，通常有效采光进深约为窗高的 2 ～ 2.5 倍（图 5-14）。双侧窗可以较好地解决单侧窗采光时进深区域较暗的问题，提高室内照度均匀度（图 5-15）。

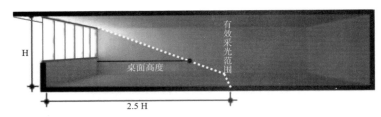

图 5-14　单侧窗采光范围示意

图 5-15　双侧窗采光效果示意

　　侧窗的形式直接影响采光效果。图 5-16 为各种形式的侧窗及其有效采光范围，从图中大致可以看出采光口面积、采光口形状、布置、朝向、安装高度、是否凸出立面等因素都影响着采光效果。

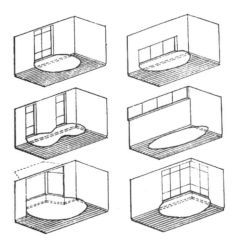

图 5-16　各种形式的侧窗及其有效采光范围示意

　　当采光口面积相等时，窗位置高低与布置方式影响房间的采光均匀度。图 5-17 中（a）、（b）、（c）三个方案的开窗面积相同，窗高度与布置不同，相应地，采光系数在工作平面的分布不同。由图中信息可知，较高的安装位置可以提高大进深区间采光系数，有利于提高进深方向的采光均匀度，而高窗高且分散布置则有助于提升整体采光量与进深区域的采光系数。由上述分析可知，在开窗面积一定的约束下，窗高较高、分散布置为优选方案。

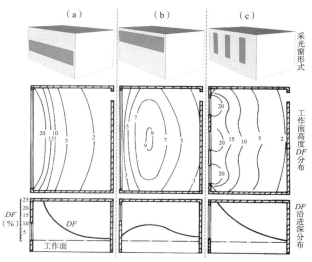

图 5-17　三种开窗方案所对应的房间内采光系数分布

侧窗的采光效果受到开窗面积、地域及朝向、位置、透光材料、形状等因素的影响。

以某简单的办公室为例，针对侧窗的各个因素对采光效果的影响进行简要分析。研究模型如图 5-18 所示，不考虑窗棂对窗户采光的影响，模型房间的墙面、屋顶均为白色漫反

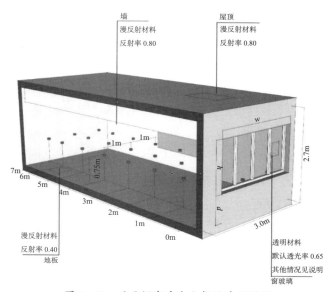

图 5-18　用于侧窗采光分析的房间模型

射材料且反射率 ρ=0.80，地板的材料为灰色漫反射材料且反射率 ρ=0.40，窗玻璃为透明材料且默认透光率 τ=0.65，在研究窗玻璃透射率对采光表现的影响时则 τ 值见具体说明。模型中的呈阵列状排布的圆点为该研究模型的计算结果取值点。

1. 开窗面积

在其他条件相同的前提下，窗的面积越大，则允许进入室内的天然光数量越多。图 5-19 为 10 种不同窗墙比的侧窗，以此 10 种不同面积的侧窗开展采光分析，模拟计算结果见表 5-1。

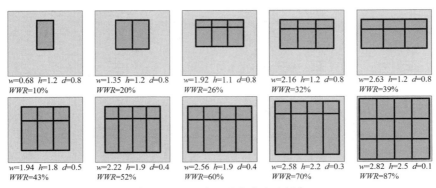

w=0.68 h=1.2 d=0.8
WWR=10%

w=1.35 h=1.2 d=0.8
WWR=20%

w=1.92 h=1.1 d=0.8
WWR=26%

w=2.16 h=1.2 d=0.8
WWR=32%

w=2.63 h=1.2 d=0.8
WWR=39%

w=1.94 h=1.8 d=0.5
WWR=43%

w=2.22 h=1.9 d=0.4
WWR=52%

w=2.56 h=1.9 d=0.4
WWR=60%

w=2.58 h=2.2 d=0.3
WWR=70%

w=2.82 h=2.5 d=0.1
WWR=87%

图 5-19　10 种不同窗墙比的侧窗

10 种不同窗墙比的侧窗采光模拟结果　　　　　　　　　　表 5-1

WWR	朝向	$sDA_{300lx, 50\%}$	$DF \geqslant 2\%$ 面积占比	WWR	朝向	$sDA_{300lx, 50\%}$	$DF \geqslant 2\%$ 面积占比
10%	南	25%	13%	43%	南	45%	33%
	北	20%			北	38%	
	东	23%			东	43%	
	西	23%			西	42%	
20%	南	29%	18%	52%	南	49%	37%
	北	25%			北	44%	
	东	27%			东	44%	
	西	27%			西	46%	
26%	南	32%	24%	60%	南	50%	39%
	北	30%			北	48%	
	东	31%			东	49%	
	西	31%			西	49%	
32%	南	38%	28%	70%	南	58%	44%
	北	34%			北	55%	
	东	38%			东	56%	
	西	37%			西	56%	
39%	南	41%	31%	87%	南	63%	49%
	北	38%			北	57%	
	东	39%			东	59%	
	西	38%			西	60%	

计算条件：广州市 TMY 天气数据，窗玻璃的透射率 τ=0.65（不考虑窗棂的影响），动态采光计算时间范围为每日 8:00 ～ 18:00。

可归纳出如下几个规律：

（1）在其他条件不变的前提下，窗面积增大则 DF 值提高。

（2）对于 $sDA_{300lx,\,50\%}$ 指标，较大窗面积可以取得更高的指标值；但也可以得知，当窗面积增大到一定程度后其指标值的提升已不显著。

（3）从不同朝向上的 $sDA_{300lx,\,50\%}$ 指标计算结果分析可知：南向的采光量最多，北向最少，东西向介于两者之间。此外，由动态采光数据分析可知，北向采光房间的室内照度变化幅度较小，光环境稳定程度高，南向反之。

2. 地域及朝向

不同的项目地点其动态采光计算结果也不同，动态采光分析是一种基于气候的采光模型，将地域性纳入考量是动态采光分析的优点之一。在此，选择上文中 WWR=43% 的案例作为研究对象，分别在北京、上海、广州、西安等城市的光气候条件下开展简要的比较分析。表 5-2 为同一研究模型在四个城市的采光计算结果，从 $sDA_{300lx,\,50\%}$ 指标值可知，四个城市中同一房间的南向采光量依次为：北京 > 上海 > 西安 > 广州；四个城市的北向采光量相近；纬度高的城市其南北向之间的采光差异更为明显。

不同城市的采光表现比较　　　　　　表 5-2

城市	WWR	朝向	$sDA_{300lx,\,50\%}$
北京	43%	南	56%
		北	38%
		东	44%
		西	44%
上海	43%	南	50%
		北	39%
		东	44%
		西	44%
广州	43%	南	45%
		北	38%
		东	43%
		西	42%
西安	43%	南	49%
		北	38%
		东	43%
		西	42%

计算条件：北京、上海、广州、西安市 TMY 天气数据，窗玻璃的透射率 τ=0.65，动态采光计算时间范围为每日 8:00 ~ 18:00。

3. 位置

窗的位置也是影响采光表现的因素之一，选择同一侧窗（WWR=26%）比较分析其不同安装高度的采光差异。表5-3为三种不同高度侧窗的动态采光分析结果，侧窗的安装高度对于采光表现有着显著影响，较高的窗高有利于光线在室内的均匀分布，提高有效采光面积（提高 $sDA_{300lx,\ 50\%}$ 指标）。侧窗采光存在的主要问题在于室内照度随进深增大而下降较快，室内照度分布不均匀，提高窗高有助于改善该问题。

不同窗高与对应的采光表现　　　　　　　表 5-3

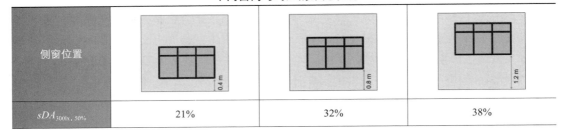

侧窗位置			
$sDA_{300lx,\ 50\%}$	21%	32%	38%

计算条件：南向，WWR=26%，窗台高度分为别0.4m、0.8m、1.2m，广州市 TMY 天气数据，窗玻璃的透射率 τ=0.65（不考虑窗棂的影响），动态采光计算时间范围为每日 8:00 ~ 18:00。

4. 透光材料

窗玻璃的透射率也是采光的影响因素之一，在建筑采光设计时应给予足够的重视。通常情况下，热工性能愈好的玻璃材料其透射率愈低，选择窗玻璃材料时应平衡采光与隔热性能。表5-4为不同透光率的玻璃材料所对应的采光表现，由此可知：选择高透射率的玻璃材料有利于提高室内光线数量、增大有效采光范围。窗玻璃透射率的提高与 $sDA_{300lx,\ 50\%}$ 指标的提升并不呈线性关系，当窗玻璃透射率提高到一定程度后其指标仅小幅增长。

不同窗玻璃透光率与对应的采光表现　　　表 5-4

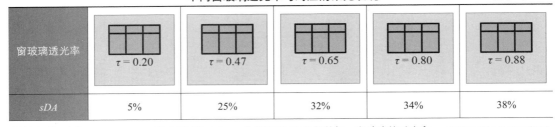

窗玻璃透光率	$\tau=0.20$	$\tau=0.47$	$\tau=0.65$	$\tau=0.80$	$\tau=0.88$
sDA	5%	25%	32%	34%	38%

计算条件：南向，WWR=26%，窗台高度为 0.8m，广州市 TMY 天气数据，窗玻璃的透光率 τ = 0.20/0.47/0.65/0.80/0.88（不考虑窗棂的影响），动态采光计算时间范围是每日 8:00 ~ 18:00。

5. 形状

在采光口面积相等、窗高一致的前提下，正方形窗的采光量（室内各点照度总和）最大，竖长方形次之，横长方形最少。

5.2.2　侧窗采光控制

侧窗采光控制是侧窗设计中十分重要的内容，合理的方案有助于优化侧窗采光表现，限制眩光，提高进深区间照度，常见的侧窗采光控制元素如下。

1. 光隔板（Light Shelf）

光隔板是最常见的调节侧窗采光的固定构件之一，在教室、办公室等建筑中常见（图 5-20）。其作用是将天然光反射至顶棚，提高大进深区域的照度，增加室内照度均匀度，扩展有效采光范围，在某些条件下也有助于限制近窗区域的眩光程度，图 5-21 为某办公室南向侧窗上安装光隔板的作用示意图。应用光隔板及其具体的设计参数需要根据项目所在地的光气候特点以及项目的具体情况决定，不合理的设计参数往往会适得其反，不仅不能改善室内照度分布，反而导致室内照度偏低。

图 5-20　光隔板示例

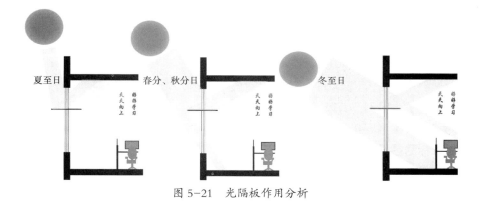

图 5-21　光隔板作用分析

2. 百叶

百叶是最常见的动态控光装置，在侧窗采光的建筑中应用广泛。百叶可以在室外侧、窗（幕墙）内部、室内侧安装，图 5-22 为百叶安装于侧窗内侧的案例。与光隔板等固定的控光装置不同，百叶是一种动态控光装置，可在下拉高度、叶片旋转角度两个维度上进行动态调整，不同的百叶状态对应着不同的室内光环境。图 5-23 为不同下拉高度与叶片旋转角度的示意图，图中表示了六种不同的百叶状态。

图 5-22　侧窗上安装百叶案例

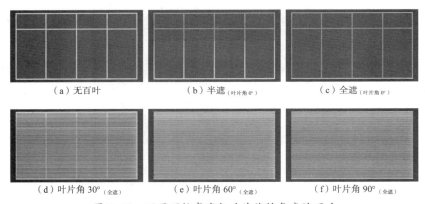

（a）无百叶　　　　　　　（b）半遮（叶片角0°）　　　　　　（c）全遮（叶片角0°）

（d）叶片角30°（全遮）　　　（e）叶片角60°（全遮）　　　（f）叶片角90°（全遮）

图 5-23　不同下拉高度与叶片旋转角度的百叶

3. 卷帘

卷帘是广泛使用的遮阳装置，起到控制太阳辐射、调节室内光环境的作用，在办公、教育等类型的建筑中得到了普及（图 5-24）。究其原因，卷帘具有成本低、易安装、控制逻辑简单、无需清洁维护等特点。在窗的室内侧安装手动或电动的卷帘是一种最简单的可实现遮阳、控光目标的措施。卷帘根据织物材料的不同可分为多孔可透光材料（通常为麻材料或仿麻材料）以及不可透光材料（通常为涂胶面料）等。卷帘的材料种类繁多，其光学参数各不相同，根据项目的具体情况选择正确的材料可以获得较好的采光效果，如果卷帘材料选择不当则容易导致天然光资源浪费，无法在室内营造良好、健康的光环境。有必要再次强调，遮阳并不意味着拒绝采光，如果不能良好处理两者的关系则无法实现天然光环境的优化。

图 5-24　办公室使用卷帘示意

5.2.3　天窗类型

设在屋顶上的窗可称为"天窗"，屋顶上开窗的形式多种多样，大体可以分为矩形天窗、锯齿形天窗、平天窗三大类别。

1. 矩形天窗

如图 5-25 所示，在跨间纵向两侧开窗的天窗形式可归类于矩形天窗。由于开窗在垂直面上，且上面戴了"遮阳帽"，采用矩形天窗采光的建筑室内太阳直射光较少、照度稳定，且窗玻璃上不易积灰，有利于防漏雨。由于窗玻璃的位置与高度等因素使得矩形天窗在使用者视野范围内形成强烈眩光的情况出现较少，因此，矩形天窗的窗扇可设计成可开启形式，有利于组织通风。矩形天窗在车间厂房、仓库、部分体育建筑中应用较多。矩形天窗的不足之处在于相同的开窗面积采光效率较其他类型天窗低，屋顶结构复杂，增加了屋顶结构的集中负荷。

图 5-25　矩形天窗示例

2. 锯齿形天窗

图 5-26 为锯齿形天窗的案例，锯齿形天窗是将屋顶设计成锯齿形，将窗设在垂直面上。由于北向天空亮度在一天中变化相对较小（北半球地区），如果锯齿形天窗开窗朝北，则室内照度较为稳定。锯齿形天窗采光是否均匀与充足，取决于窗的布置与尺寸等参数，总体而言，经合理设计的锯齿形天窗通常具有采光均匀、充足、稳定等特点。

图 5-26　锯齿形天窗示例

3. 平天窗

平天窗的特点是屋顶上的采光窗处于水平面上，图 5-27 为一处采用平天窗采光的美术馆。由于在水平面上开窗，整个天穹的天空光与日光可更为直接地入射室内，这使得平天窗的采光效率高于其他在垂直面上开窗的天窗类型，且平天窗布置灵活、构造简单。平天窗的主要不足在于：易产生眩光，当有日光直接入射时室内照度不均匀、不稳定，且在实际工程中易出现漏雨、积尘、积雪，不利于组织通风。

图 5-27　平天窗示例

5.2.4　天窗遮阳

对于矩形天窗与锯齿形天窗而言，两者由于结构上的特点，经合理设计后，太阳直射光不易大量直接入射室内，有利于防止眩光产生，避免室内照度差异过大，以及室内过热。平天窗等在水平面上开窗的天窗类型，其采光效率高于甚至大幅高于在垂直面上开窗的天窗类型，这一优点促使平天窗在大空间建筑中得到了较为广泛的使用。但平天窗以及类似的天窗做法则要注意遮阳问题，遮阳的方式以及对于天然光的控制决定了天窗的采光表现。

（1）半透明透光材料。天窗通常不需要保证人与室外环境的视线沟通，这使得天窗中可以应用半透明材料起到遮阳即阻止日光直射室内的作用。图 5-28 所示的画廊采用了大面积的平天窗进行采光，为了避免日光直射造成室内局部过亮以及可能损害展品，天窗中使用了乳白色膜材料，这种做法在一定程度上避免了太阳直射光直接入射室内，起到了遮阳的作用。类似的措施（使用乳白色亚克力材料、磨砂材料、具有空腔的阳光板等作为透光材料或安装在透明窗玻璃下方）在天窗采光中的应用案例不胜枚举。

该类做法的优点在于结构简单，大多数时间及情况下有利于在室内营造均匀的光环境。不足在于同时遮挡或减弱太阳直射光与天空散射光，阴天时室内天然光照度低。通常，为了实现室内较高的照度均匀度，天窗内侧安装的半透明材料的透射率不能过高，如此也在一定程度上降低了平天窗的采光效率，在没有日光的阴天时不利于充分发挥天窗的采光潜能。

图 5-28　天窗中使用半透明膜材料的画廊

（2）格栅。在天窗中使用格栅可以起到阻挡太阳直射光直接入射室内的作用（图 5-29）。格栅可分为固定格栅和可转动格栅两种情况。固定格栅的优点在于结构简单、建安成本低、易维护；不足之处在于通常难以在年周期上兼顾遮阳与采光表现，即如果要求固定格栅在全年上均有良好的遮阳表现，则难免牺牲一定的采光效率，如果要求使用固定格栅的天窗有较高的采光效率，则该天窗在一年中的某些时段无法完全遮阳。固定格栅在我国的火车站候车大厅等大型公共建筑中得到了广泛的应用。相较于固定格栅，可转动格栅具有达成更好采光与遮阳效果的潜力。但可转动格栅结构复杂、建安成本高，并且需要有一套控制系统施加控制，这也对建筑使用过程中的维护管理等提出了要求，一定程度上限制了可转动格栅在建筑天窗中的应用。

图 5-29　天窗中使用格栅的案例

（3）动态帘幕遮阳。图 5-30 为在平天窗下使用动态帘幕进行遮阳的案例。该方式的优点在于有遮阳需求的时候可以全部打开或部分打开幕帘，其余时段收回则可争取更充分地采光。动态帘幕可以手动按键控制或根据屋顶辐射或照度进行自动控制。

图 5-30　天窗中使用动态帘幕遮阳的案例

5.2.5　中庭

现代建筑中的中庭作为缓冲空间，为相邻空间提供了与自然环境交流的条件。其中，中庭的贡献之一是解决了大进深空间的天然采光问题，增加了天然光线入射到平面最大进深处的可能性，允许进深较大的建筑能够更加充分地采光，其自身则成为一个天然光的收集器和分配器。至于庭院、天井和建筑凹口可以看作中庭的特殊形式。从图 5-31 可以看出，中庭起到一个"光通道"的作用，将天然光直接或经反射后照射到中庭相邻空间中。中庭的光环境设计是一个复杂的问题，涉及中庭顶部设计、中庭的形状、中庭墙壁和地面的反射、窗户位置及尺寸等一系列因素。

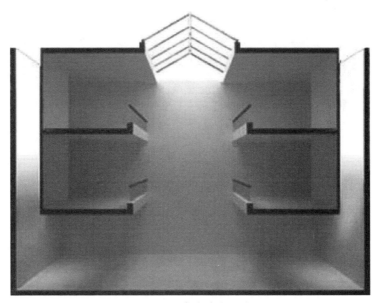

图 5-31　中庭采光示意

1. 中庭顶部设计

部分建筑的中庭顶部开敞、无遮阳措施，或为了遮风避雨而安装透明幕墙，另一部分建筑的中庭顶部有专门的遮阳设计。中庭顶部设计直接影响中庭收集到的天然光数量，顶部的遮挡越少，经由中庭到达中庭底部和相邻空间的光线越多。在夏季或日照强烈的时段进入过多的太阳光线，可能引起中庭过热以及强烈的明暗对比。遮阳措施会阻挡一部分天然光进入中庭内部，在阴天等室外照度偏低的情况下则会造成中庭底部照度不足。解决这组矛盾通常有两个途径：其一，可以考虑使用动态遮阳方案，在有遮阳需求的时候进行有效遮阳，当缺少太阳直射光的时候则应该允许天空漫射光充分入射；其二，如果选择固定遮阳方案，则有必要结合当地的气候特征开展优化设计，确保在一年中大多数时段的良好采光效果。图 5-32 为某建筑中庭顶部的设计方案，通过光伏板南向遮阳且兼具发电功能。图 5-33 为若干种不同类型的中庭顶部设计示意。

图 5-32　中庭顶部设计方案

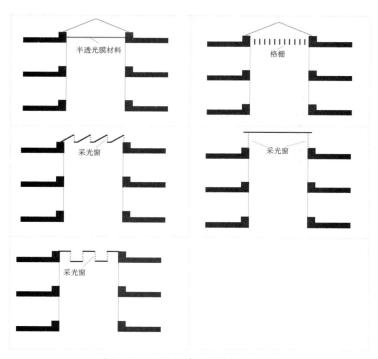

图 5-33　若干种中庭顶部设计示意

2. 中庭的形状

中庭的几何形状对于其采光效果有着显著的影响。为了保证中庭地面和相邻空间能够获得足够的天然采光，有必要在中庭设计时开展模拟分析，确保中庭相邻空间能得到符合办公建筑照度要求的足够的天然光线。

对于剖面为矩形的中庭而言，中庭的尺寸可用长（ l ）、宽（ w ）、高（ h ）三个变量加以描述（图 5-34）。如果将该问题进一步简化，仅选取方形平面的中庭（ $l=w$ ）作为研究对象，则 h/w （高宽比）是描述中庭形状的参量。

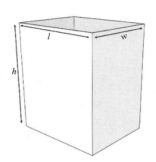

图 5-34　中庭几何形状标注

经分析，当高宽比超过某一数值时，即中庭的几何形状过于细长，则其采光能力有限，不能够有效地解决建筑平面中心区域的采光问题，某些研究建议选择 $h/w < 3$ 的中庭，这是一个可以作为参考的量值。当高宽比偏低时，虽然可以保证各层平面接受足够的天然光数量，但同时也减少了建筑面积，在一定程度上增加了中庭连接区域出现眩光的可能。

中庭的形状不仅限于直通式，也有不少建筑的中庭设计为不规则形状，如图 5-35 所示的中庭剖面形状为"倒梯形"。不同形状的中庭设计方案各有利弊，需要根据需求开展专项分析。

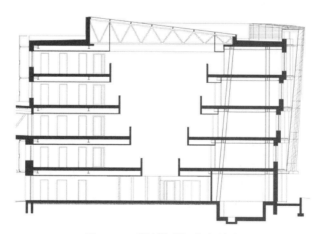

图 5-35　"倒梯形"中庭剖面

3. 中庭墙壁的反射

进入相邻空间的天然光线除了直射光线外，另一个重要组成部分是反射光线和漫反射光线，其对中庭地面和底部相邻空间的天然采光尤其重要。中庭墙壁经过设计后可以通过反射、漫反射重新分配天然光线，具有调节和控制天然光的作用。表面光滑的墙壁容易产生反射眩光，因此，中庭墙壁表面应粗糙，漫反射光线使中庭内光环境均匀、柔和。中庭墙壁可以采用素混凝土、浅色粉刷、石膏板、麻面石材、麻面砖等表面粗糙的材料，尽量避免使用大理石、釉面砖等表面光滑的材料。如果需增加特定部位的天然采光量，可通过在中庭墙壁上安装可调节的镜面，向下定向反射天然光线，解决局部天然光线不足的问题。

4. 窗户位置及尺寸

对于依靠中庭墙壁反射光线采光的底层部分，对面的反射墙就是它的"天空"。若该墙为一面从顶到地的玻璃或完全是敞开的，则只有很少一部分光线会经过它的反射而传到下面各层。相反，若该墙没有窗户和开口，则大部分光线经墙面反射到中庭底层，就如同光线在光导管中反射的一样，光线强度减弱极少。理论上，光线应该按所需量进入每一层相邻空间，其余经墙面反射再向下传递。因此，为了使中庭每一层相邻空间都能获得良好的天然采光，中庭墙壁每一层窗户的面积应该不同，顶层仅需较少的窗面积，增加反射墙面，往下逐层增加窗户面积，减少反射墙面，直至底层全部都是窗户。窗户在墙壁上的位置对光线的分布、空间感受等许多因素产生影响。低窗、中等高度的窗户、高窗进入室内的光线分布离窗户由近而远，中庭相邻空间多采用双侧采光，多选择低窗、中等高度的窗户。低窗可以利用地面的反射，使光线进入室内空间深处，以弥补光线分布不均匀的缺点。

5.2.6　导光管

导光管是一种通过内表面反射原理实现光线传输的管道，导光管和配件共同组成的导光管系统可以将室外天然光输送入室内。导光管通常为内径 250 ~ 1000mm 的铝制圆管，内表面上反射层的定向反射率达到 95% ~ 99.7%，日光在传输过程中经过多次反射后能量衰减有限，因此，可以高效率地将天然光传输到无法采光的室内空间用于日间照明。如图 5-36 所示，导光管系统主要由安装于室外侧的采光罩、用于传输光线的标准连接管（包括直管和弯头）、安装于室内侧将光线进行散射的漫射器等组件构成。

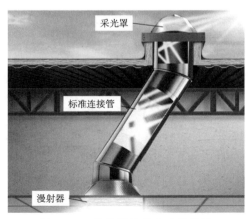

图 5-36　导光管结构与工作原理

导光管用于不具备直接采光条件的室内空间照明，具有节约能源、无碳排放、无污染、经济安全的特点。由于大多数导光管不改变天然光光谱，因此，也具有光色好、光谱连续等特点，可满足人们感受阳光、感知昼夜交替的需求。图 5-37 为部分导光管安装以及使用效果的案例。目前，导光管系统应用于地下空间（地下车库、地铁站厅等）、办公室、体育场等。

图 5-37　导光管安装与使用效果示例

5.3　案例分析

5.3.1　办公楼

在相同的照度条件下，天然光的辨识能力普遍优于人工光。人在天然光环境下通常会感觉更好、更舒适，所以，天然采光的办公室更加有利于人们提高工作效率，专心致志地做事。此外，办公建筑充分利用天然光也有利于降低照明能耗，由于办公楼的使用时间大部分集中在日间，此类建筑如果采光良好，其节能效益较为显著。在充分利用天然光的同时，办公楼采光设计应十分重视眩光的问题，做到细致分析、通过合理措施进行遮阳与控光。

以夏热冬暖地区的某办公建筑为设计对象，该建筑为 6 层矩形平面办公楼，南向、东向有遮挡，北向开阔。平面上，办公室布置在南北两侧，东端为会议室，西向布置楼梯间、电梯间、卫生间等次要用途空间，中间为一个狭长中庭（图 5-38）。

如图 5-39 所示，南向侧窗计划安装光隔板，但由于南向有遮挡建筑，经分析后得知南立面仅部分区域内受到太阳直射的概率较高，因此，该建筑部分南立面侧窗安装了光隔板，其余为无固定遮阳措施的侧窗，侧窗内侧安装了手动控制的卷帘。建筑的东立面中间开窗部分为会议室，仅在会议时使用，因此，设计了悬挂式遮阳措施，对于低楼层以及有遮挡的立面部分未安装固定遮阳装置，东立面侧窗内侧安装了卷帘。为了让更多的天空散射光照明室

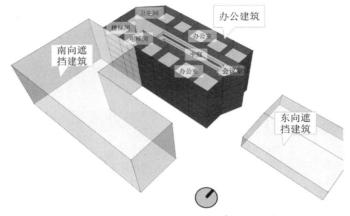

图 5-38　办公楼采光案例：建筑与场地

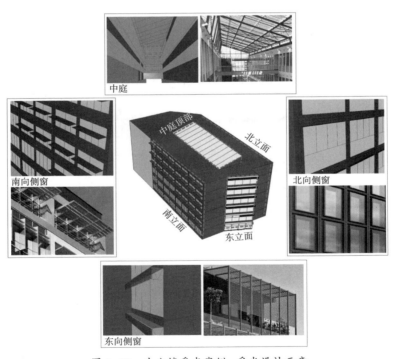

图 5-39　办公楼采光案例：采光设计示意

内，该建筑北立面设计了更大的开窗面积，通高开窗，有利于北向办公室充分采光，北向立面无固定遮阳措施。

5.3.2　教学楼

　　教室照明应满足读书写字对环境照度的需求（桌面照度介于合理范围），以及看清黑板上书写内容或者屏幕上的课件（无反射眩光、对比度高），以上两方面为教室对于光环境的需求。基于照度的指标，如 DF、DA，可以用于衡量房间内桌面高度的采光程度，建议使用"$DF \geq 2.0\%$ 面积占比"以及"采光阈占比"（sDA）来分析教室的采光情况。我国的教学楼多为多层建筑，主要以侧窗采光为主，提高教室内天然光照度均匀度，令天然光照明大进深区域可以收到较好的效果（措施：足够的采光口面积、高窗高、双侧窗等）。此外，避免太阳光直射桌面、避免黑板面上出现反射眩光也是教室采光设计应注意的问题（措施：有效的遮阳、合理的室内布置等）。

　　教学楼在空间规划时就应充分考虑教室采光的问题，楼间距合理、东西轴长有利于采光，合理采用回廊式布局也有助于提升建筑物理环境，集约化利用空间，为大部分普通教室创造双侧采光的条件。以广雅中学花都校区为例（图 5-40 为局部鸟瞰），该项目空间布局为教室采光提供了较好的条件。教室南向开窗充分考虑了遮阳的功能，北向开大面积侧窗可以更充分地采光（图 5-41）。

图 5-40　教学楼采光案例：广雅中学花都校区（建筑师：罗建河）

图 5-41　教学楼采光案例：广雅中学花都校区教学楼南向开窗示意

5.3.3　候机楼

北京首都国际机场 3 号航站楼属于特大型单体建筑，采光效果良好。一方面，屋顶呈矩阵状布置了天窗单元；另一方面，立面上全部使用外倾式玻璃幕墙。图 5-42 为首都国际机场 T3 的屋顶采光部分，三角形的天窗呈矩阵状排列。图 5-43 为该机场航站楼采光的分析图。

图 5-42　候机楼采光案例：北京首都国际机场 T3 室内（建筑设计：Foster+Partners）

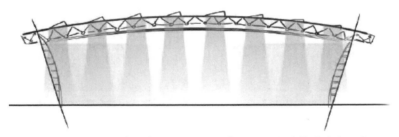

图 5-43　候机楼采光案例：分散式天窗 + 立面玻璃幕墙采光方式

T3 的屋顶分上、中、下三层结构：上层是金属面板组成的结构；中层为网架结构，起支撑整个屋顶的作用；下层为较为密集的条形格栅吊顶，由白粉涂层的挤压铝条制成。格栅层一方面作为屋顶室内侧的装饰层在一定程度上掩盖了钢结构，另一方面起到了很好的控制光线、发散光线的作用（图 5-44）。

T3 的玻璃幕墙上又精心设计了室外遮阳系统以控制光线，金属遮阳板在立面上的位置以及倾斜方向尺寸大小，都根据北京地区的日照特征进行了特别的设计。屋顶尤其在朝南方向上有很长的悬挑，既减少了穿过玻璃幕墙直接入射室内的太阳能，又保证了旅客的视野和建筑的通透性。如图 5-45 所示，玻璃幕墙向外倾斜 15°，人在向窗外望时不会被玻璃上的倒影干扰，金属遮阳板的设计保证了部分太阳直射光照不到室内。

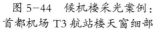

图 5-44　候机楼采光案例：
首都机场 T3 航站楼天窗细部

图 5-45　候机楼采光案例：外倾式玻璃幕墙及其遮阳措施

5.3.4　美术馆

美术馆采光设计应注意如下几个方面：适宜的照度，合理的照度分布，避免在观看展品时明亮的窗口处于视野范围内，避免一、二次反射眩光，环境亮度和色彩不能喧宾夺主，避免阳光直射展品，采光口不占或少占可供展出用的墙面。

金贝尔美术馆（Kimbell Art Museum）于 1972 年建成，位于美国的得克萨斯州，该地区全年的太阳照射较为强烈。金贝尔美术馆的长轴线为南北走向，周围没有高层的建筑对其形成阴影。图 5-46 为该美术馆鸟瞰图，图片上方为北，美术馆由重复单元组成排成三列，两侧各六个，中间四个，单元体是相互独立的。

图 5-46　美术馆采光案例：金贝尔美术馆（建筑设计：路易斯·康）

展馆室内的采光设计已经被视为经典做法。图 5-47 为该美术馆室内采光效果，曲线的拱顶被从中间入射的天然光照亮，进而照明整个室内空间，悬挂在屋顶采光口下方的为"人"

字形遮挡。图 5-48 为金贝尔美术馆展厅剖面图，图中可以看到屋顶曲线以及"人"字形构件的形式。拱顶上部中间的天窗开口宽为 0.9m，拱顶下面为"人"字形半透明铝制穿孔反光体，当光从天窗射入时，会被铝制反光体先反射到拱顶天花，再反射到展品上。摆线形的拱顶使得光线分布更加匀柔和，呈现出乳白色，整个空间显得宁静而安详。

图 5-47　美术馆采光案例：金贝尔美术馆室内

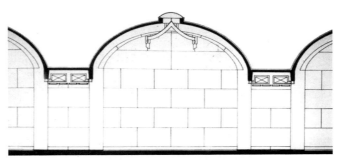

图 5-48　美术馆采光案例：摆线形屋顶剖面

这个设计满足了大部分展品所需要的照度。半透明铝制穿孔反光体除了反射大部分阳光到拱顶外，还有一小部分阳光透射过来在室内形成长条光斑。光斑随着一天当中太阳轨迹的改变而移动，从早上到下午，光斑由西面正门慢慢移动到左边的木板墙上，当天空有云飘过时，也能够让人通过地上光斑变化感知。光把室内和室外联系起来了，即使身处室内的游客也能感受到室外自然环境的变化。

5.3.5　图书馆

图书馆是一类有着明确功能分区的建筑类型，分为阅览区、藏书区、办公区等，在进行建筑设计时应通盘考虑分区布置与采光设计。通常，人们更喜欢在天然光下阅读，因此，阅览区应设置在采光充足的侧窗附近或天窗下方，与此同时，应注意避免太阳直射光入射阅览区。藏书区对于天然光照度的要求相对较低，但应避免阳光直射。

位于美国俄勒冈州的天使山修道院图书馆是 20 世纪 70 年代建成的图书馆经典案例，建筑面积 4088m² （图 5-49），其平面图如图 5-50 所示。图书馆北面的阅览空间被设计成扇形，增加了北立面的采光面积，为阅览空间提供更多的北向天空光，整体采光效果较为稳定。

图 5-49　图书馆采光案例：天使山修道院图书馆（建筑设计：阿尔瓦·阿尔托）

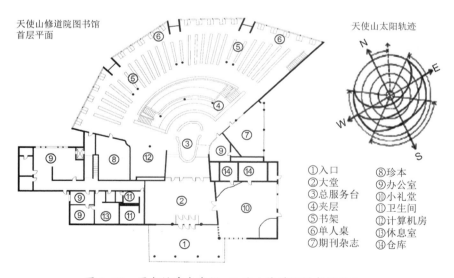

图 5-50　图书馆采光案例：天使山修道院图书馆平面

阅览区布置靠近侧窗及天窗下方，书架布置于空间中部。靠近天窗的白色倾斜表面有利于天然光的漫反射，从而营造良好的天然光氛围。从剖面图可以看出，在图书馆南侧进深较大的位置设计了导光管，通过导光管将日间的天然光导入无法通过开窗满足采光的空间，夜间则可使用屋顶的灯光通过导光管将光线引入室内（图 5-51）。

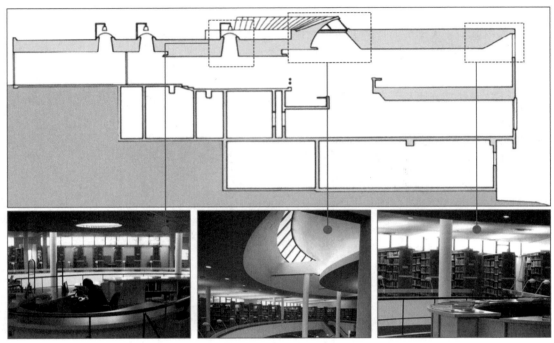

图 5-51　图书馆采光案例：天使山修道院图书馆开窗做法

第**6**章 人工照明（上）：电光源与灯具

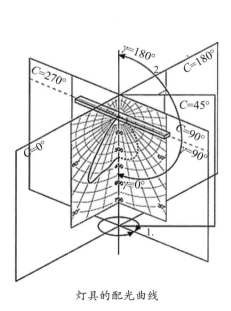

灯具的配光曲线

6.1　电光源与灯具

6.1.1　电光源参数

能够发光的物体叫做"光源"，光源可以分为自然光源（太阳、明亮的天空、月亮等）和人造光源（蜡烛、火把、电灯泡等），电光源是人造光源中的一部分，将电能转换为光能的器件或装置称为电光源。目前，人工照明就是指使用电光源进行照明。电光源的特性通过如下参数进行描述。

1. 光源类型

电光源类型按发光形式分为热辐射光源、气体放电光源和固体光源三大类。

（1）热辐射光源：电流流经导电物体，使之在高温下辐射光能的光源。包括白炽灯和卤钨灯两种。

（2）气体放电光源：利用气体放电发光原理制成的光源。气体放电光源的放电电压分为低压和高压。荧光灯、低压钠灯等为低压气体放电灯，高压汞灯、高压钠灯、金属卤化物灯等为高压气体放电灯。

（3）固体光源：在电场作用下，使固体物质发光的光源。代表光源为发光二极管（LED）。

2. 功率

单位为 W，指光源在正常运行时单位时间内所消耗的电能量。额定功率是光源出厂时标注的光源特性之一，对于可调光（色）灯具一般标注光源的最大功率或功率范围。

3. 光通量

单位为 lm，指光源工作时所发出的光通量多少。一般光源标注初始光通量，即光源新出厂时所能发出的光通量。

4. 发光效率

单位为 lm/W，指光源将电能转化成功能的效率，即消耗 1W 电能所能发出的光通量。发光效率是衡量光源节能程度的关键指标。

5. 色温

单位为 K，多数电光源使用相关色温（CCT）描述光源发出光线的色温。

6. 显色指数

常使用一般显色指数（R_a），指光源发出光线的显色性。

7. 光源寿命

技术寿命：灯点燃到不能工作的时间。

平均寿命：50% 的灯不能工作时所燃点的时间。

经济寿命：光通量下降到某一百分比时所燃点的时间（一般室外 70%、室内 80% 可接受）。

通常经济寿命＜平均寿命＜技术寿命。

8. 启动时间

区分瞬时启动和非瞬时启动。一般高压气体放电光源难以瞬时启动，低压气体放电光源根据所使用的镇流器不同启动时间不同，使用电子镇流器的荧光灯可以瞬时启动，使用电感镇流器的荧光灯不能瞬时启动。

9. 频闪

频闪是指光源发出的光线按固定的频率闪烁，频闪的根源在于光源使用的电源是变化的交流电。因此，频闪现象不仅取决于光源类型，也与所使用的电源有关。某些类型的光源频闪现象较为严重（如使用电感镇流器的荧光灯），有些类型的光源频闪现象轻微。

10. 光衰

光源在点亮一定时间后所发出的光通量较之初始光通量降低的现象。通常用光源点亮累积一定小时后光通量衰减量占初始光通量的百分比描述，如 10000 小时光衰 3%。

6.1.2　传统电光源简介

电光源出现在 20 世纪末，经历了热辐射光源、低压气体放电灯、高压气体放电灯、固体光源等阶段。

18 世纪末，人类开始对电光源进行研究。19 世纪初，英国的戴维发明碳弧灯。1879 年，美国的爱迪生发明了具有实用价值的碳丝白炽灯，使人类从漫长的火光照明进入电气照明时代。1907 年采用拉制的钨丝作为白炽体。1912 年，美国的朗缪尔等人对充气白炽灯进行研究，提高了白炽灯的发光效率并延长了寿命，扩大了白炽灯的应用范围。

20 世纪 30 年代初，低压钠灯研制成功。1938 年，欧洲和美国研制出荧光灯，发光效率和使用寿命均为白炽灯的 3 倍以上，这是电光源技术的一大突破。20 世纪 40 年代，高压汞灯进入实用阶段。20 世纪 50 年代末，体积和光衰极小的卤钨灯问世，改变了热辐射光源技术进展滞缓的状况，这是电光源技术的又一重大突破。20 世纪 60 年代，开发了金属卤化物灯和高压钠灯，其发光效率远高于高压汞灯。20 世纪 80 年代，出现了细管径紧凑型节能荧光灯、小功率高压钠灯和小功率金属卤化物灯，使电光源进入了小型化、节能化和电子化的新时期。

20 世纪 90 年代以来，用于照明的白光 LED 发展极为迅速，时至今日，LED 的发光效率已经超过 100lm/W，成为建筑室内外照明的主流光源类型。与此同时，OLED 光源也在持续发展，由于 OLED 为面光源可弯曲，在建筑室内照明中具有应用潜力，目前 OLED 的发光效率超过了 60lm/W，且在不断发展进步。

由图 6-1 可知，电光源发展的整体趋势为发光效率不断提高，本书将 LED、OLED 之外的电光源类型归为"传统光源"。

白炽灯、卤钨灯属于热辐射光源，发光原理类似。电流经过灯丝使其升温，当温度达到一定程度时则发出可见光，这就是此类热辐射光源的发光原理。热辐射光源的特点有: 发光效率低（白炽灯为 10 ~ 20lm/W，卤钨灯为 20 ~ 30lm/W），寿命短（白炽灯约为 1000 小时，卤钨灯约为 3000 小时），显色性好（白炽灯 $R_a > 90$，卤钨灯 $R_a > 95$），色温偏低（白炽灯约 2700K，卤钨灯 2500 ~ 3500K），瞬时启动，调光容易，经济性好。就当前建筑照明领域的实际应用情况而言，白炽灯、卤钨灯由于发光效率低几乎被淘汰，仅在部分对显色性要求较高的场合还有使用。

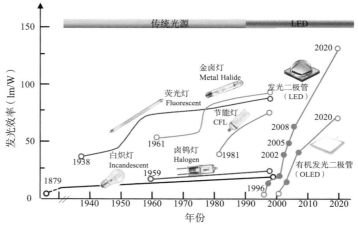

图 6-1　电光源发展历程与对应的发光效率

　　荧光灯是低压气体放电灯的代表，是利用紫外线刺激荧光粉发光的原理制成的。荧光灯的类型很多，包括直管荧光灯、环形荧光灯、蝶形荧光灯。21 世纪初，在国内以替代白炽灯为目的进行普及的节能灯也是一种荧光灯，也叫作"紧凑型荧光灯"或"自镇流荧光灯"，两者的发光原理相同。目前，三基色荧光灯是荧光灯的主流产品，三基色荧光灯是由红、绿、蓝谱带区域发光的三种稀土荧光粉制成的荧光灯。荧光灯管需要配合镇流器才能正常工作，电子镇流器的性能优于老式的电感镇流器。使用电子镇流器的三基色荧光灯具有如下特点：发光效率为 60 ~ 90lm/W，R_a>80，平均寿命超过 10000 小时，色温 2700 ~ 6500K，瞬时启动，一般情况下不做调光控制（配合专用镇流器可以实现调光）。目前，直管荧光灯在我国中小学教室中仍普遍使用，在部分高校或办公室中也有使用。

　　高压气体放电灯主要包括金属卤化物灯（简称"金卤灯"）以及高压钠灯。高压气体放电灯均需要搭配镇流器使用，难以调光，无法实现瞬时启动，且启动时间需要数分钟。金卤灯的特点有：发光效率 >60lm/W，R_a 为 60 ~ 90，色温 3000 ~ 6000K，寿命 6000 ~ 20000 小时。目前，小功率金卤灯已被淘汰，大功率（400 ~ 2000W）金卤灯在体育场地、广场、建筑泛光照明等领域有一定的应用。高压钠灯的特点有：发光效率可达 120lm/W，$R_a \geqslant 20$，色温为 1900 ~ 2500K，寿命约 20000 小时。由于显色性差但光效高，高压钠灯主要应用于道路照明。

　　传统光源的性能汇总见表 6-1。

传统光源性能汇总　　　　　　　　　　　　　　　　表 6-1

	类型	发光效率（lm/W）	色温（K）	R_a	寿命（h）	启动时间	配件	调光	应用
热辐射光源	白炽灯	10 ~ 20	2700	>90	1000	瞬时	无	易	淘汰
	卤钨灯	20 ~ 30	2500 ~ 3500	>95	3000	瞬时	无	易	淘汰
低压气体放电灯	荧光灯	60 ~ 90	2700 ~ 6500	>80	10000	瞬时（电子镇流器）	镇流器	难	教室、办公室

续表

	类型	发光效率（lm/W）	色温（K）	R_a	寿命（h）	启动时间	配件	调光	应用
高压气体放电灯	金卤灯	>60	3000 ～ 6000	60 ～ 90	6000 ～ 20000	非瞬时	镇流器	难	体育场、泛光
	高压钠灯	120	1900 ～ 2500	≥ 20	20000	非瞬时	镇流器	难	道路

6.1.3　灯具的作用、配光曲线

灯具是一种对一个或多个光源发出的光线进行重新分配、滤光或转换的器具。除包含光源外，还包含固定和保护光源所必备的元件以及连接光源和供电线路的辅助电路设备等。

灯具的主要部件包括：灯体，灯具的外壳；电气装置，不同种类的光源需要配合不同的电气装置；反射器或透镜，将光源发出的光线进行再分配；漫射器，灯具出光口的表面覆盖材料。图 6-2 为一种常规 LED 泛光灯具的结构。

灯具是依据光源设计制造的，它能发挥的作用主要包括：

（1）改善光源发出光的分布和方向；

（2）提供光源正常运行所需的电工条件；

（3）保护光源；

（4）防尘、防水、防暴、防撞；

（5）便于安装固定、调整投光方向；

（6）降低眩光程度；

（7）美观，与安装环境协调。

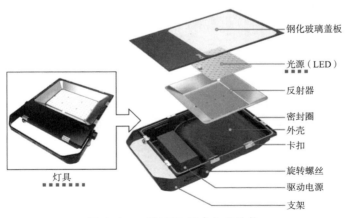

图 6-2　一种 LED 泛光灯具结构

衡量灯具性能的指标包括：配光曲线、防护等级、灯具的效率以及其他一些指标。

1. 配光曲线

灯具各方向的发光强度可以在三维空间里用矢量表示出来，把矢量的终端连接起来，则

构成一个封闭的光强体。当光强体被通过 Z 轴线的平面（测光平面）截割时，会在平面上获得一条封闭的交线，这就是灯具的配光曲线（图 6-3）。

　　配光曲线表示的是发光强度在空间中的分布情况，是灯具最重要的指标。

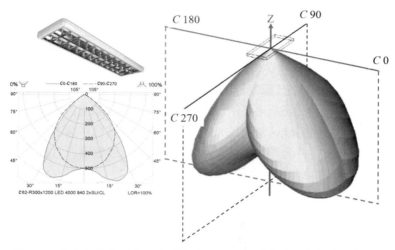

图 6-3　荧光灯在空间中的光强体及 C0、C90 测光平面截出的配光曲线

　　灯具的配光曲线通常使用两条或三条曲线同时表示，因为部分灯具发出光线的光强并不以轴线为中心在空间中对称分布，这类灯具的配光曲线称为"非对称配光曲线"。对于这类灯具，通常使用 C0（0°～180° 平面）/C90（90°～270° 平面）两个测光平面（C 平面）或 C0、C45（45°～225° 平面）、C90 三个 C 平面截取光强体得到相应的配光曲线（图 6-4）。对于部分具有对称配光曲线的灯具，无论使用何角度的测光平面截取得到的配光曲线都相同。图 6-5 为一个非对称配光灯具和一个对称配光灯具的配光曲线示例。

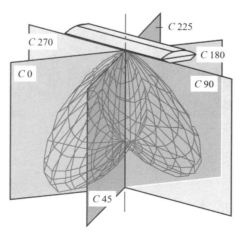

图 6-4　C0、C45、C90 三个测光平面示意

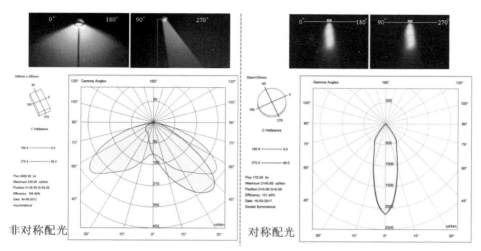

图 6-5　非对称配光灯具和对称配光灯具的配光曲线示例

　　表 6-2 为三种灯具的外观、照明效果及所对应的配光曲线，配光曲线是表征灯具照明效果的最重要参数，在照明设计时可以通过配光曲线了解灯具的照明效果，进而在照明设计时选择合适的灯具。

三种灯具的外观、照明效果以及配光曲线　　　　　　　　表 6-2

灯具外观	照明效果	配光曲线

　　灯具的光束角分为窄光束、中光束、宽光束，光束角可由配光曲线测量。如图 6-6 所示，1/2 最大光强处的张角为光束角。不同光束角所对应的配光曲线如图 6-7 所示，其中：

　　光束角 < 20° 为窄光束（窄配光）；

　　光束角 20° ~ 40° 为中光束（中配光）；

　　光束角 > 40° 为宽光束（宽配光）。

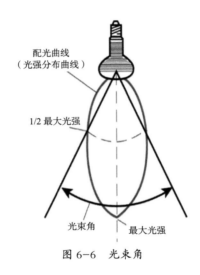

图 6-6　光束角

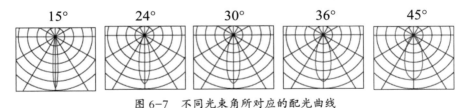

图 6-7　不同光束角所对应的配光曲线

　　当灯具发出的光线大部分（>90%）分布于下半球空间中，则可将该灯具归类为直接型灯具，灯具的配光曲线可以反映灯具发出光线在空间中的分布情况，直接型灯具的配光曲线绘于下半球。因此，基于配光曲线可以将灯具按照其所发出的光线在上下半球空间中的分配比例进行分类，如图 6-8 所示。总体上，直接型灯具的光线利用率高，间接型灯具的照明效果均匀，可以避免出现眩光，但不建议在层高较高的空间中使用。

2. 防护等级

　　室外使用的灯具必须有严格的防尘与防水要求，简称"防护等级"，用 IP 来表示。IP 后面有两个特征数字（a、b）：a 为防尘等级，b 为防水等级，具体的数值说明见表 6-3。例如：IP54 就是说明这类灯具具有防尘、防溅水的能力；IP68 则是指灯具具有尘密和防潜水淹没的能力，可以在水下使用。

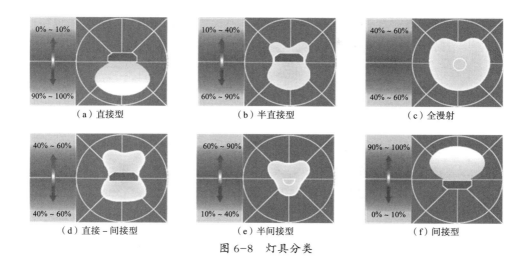

（a）直接型　　（b）半直接型　　（c）全漫射

（d）直接 – 间接型　　（e）半间接型　　（f）间接型

图 6-8　灯具分类

灯具防护等级（IPab）　　　　　表 6-3

a- 防尘等级	说明	b- 防水等级	说明
0	无保护	0	无保护
1	防大于 50mm 的固体异物	1	防滴水
2	防大于 12mm 的固体异物	2	防倾斜 15° 的滴水
3	防大于 2.5mm 的固体异物	3	防淋水
4	防大于 1mm 的固体异物	4	防溅水
5	防尘	5	防喷水
6	尘密	6	防猛烈海浪
		7	防浸水影响
		8	防潜水淹没

3. 灯具的效率

灯具实际所发出的光通量与光源所发出的光通量之比，为灯具的效率。其与灯具的设计质量有重要关系，光源位置的合理性、反射器所用的材料、设计的精密程度都决定了灯具的效率。在选择灯具时有必要区分灯具输出光通量与光源光通量。

4. 其他

灯具表面亮度和遮光角也是灯具的参数之一。灯具表面亮度即灯具出光口范围内的亮度均值。灯具中光源发光的最边缘一点和灯具出光口的连线与出光口所在平面的夹角就是遮光角。这两个参数均为描述灯具眩光程度的指标。

输入电压也是灯具的参数之一，我国大部分灯具的输入电压为 220V，但也有部分灯具需要在其他电压等级下工作。

电气附件内置还是外置也是灯具的特征，以 LED 灯具为例，部分灯具的电源驱动在灯体内集成，部分灯具的电源驱动独立于灯体之外。

6.2 LED 专题

6.2.1 LED 光源

LED（Light-Emitting Diode）即发光二极管，发光颜色有红色、黄色（琥珀色）、绿色、蓝色、紫色以及白色。1968 年，红光 LED 首先被商业化，之后其他光色的 LED 陆续出现，此时期 LED 主要用于信号和显示领域。1997 年，日亚公司研发出第一只白光 LED，LED 自此进入照明领域且发展迅速。进入 21 世纪的第二个十年，白光 LED 的光效从 2000 年的 15lm/W 发展至超过 100lm/W，LED 光源在建筑室内外照明领域替代了大部分传统光源，成为电光源中应用最为广泛的一类。图 6-9 为三种不同封装形式的 LED 光源。

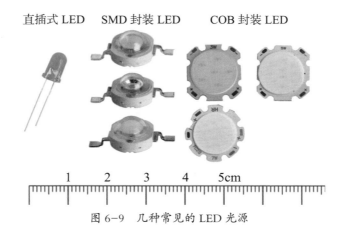

图 6-9　几种常见的 LED 光源

LED 的核心部分是由 P 型半导体和 N 型半导体组成的芯片（P-N 结）。当电流通过 P-N 结时，电子会被推向 P 区与空穴复合，然后以光子的形式发出能量，即可见光，不同材料的 P-N 结决定了发出光线的波长，也就决定了光色。白光是一种复色光，在蓝光 LED 中加上黄色荧光粉，通过蓝光激发荧光粉发光，从而产生白光。图 6-10 为基于蓝光激发荧光粉原理的白光 LED 光谱，无论色温高低，蓝光部分均较为突出，这也是 LED 蓝光问题的缘由，也可以看出白光 LED 的光谱与不同色温的传统光源光谱差别明显，这些都在光源性能上有所体现。

由于 LED 可以发出红（R）、绿（G）、蓝（B）等光色，基于混光原理，将可发出 R、G、B 三种光色的 LED 组合后通过控制每种光色的亮度可以实现变色。此外，也有不同色温的 LED，如冷光色 LED 和暖光色 LED，两者混光可以实现调节色温的功能（图 6-11）。

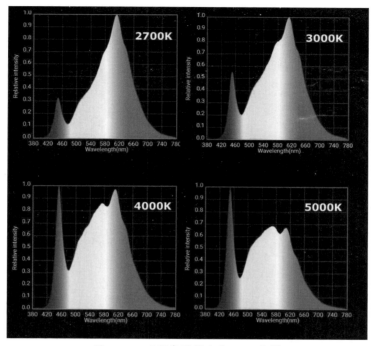

图 6-10　不同色温的白光 LED 光谱

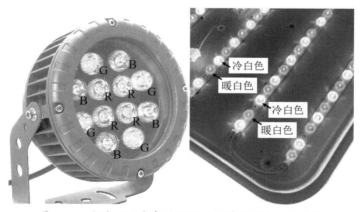

图 6-11　组合不同光色的 LED 光源实现变色、变色温

6.2.2　LED 灯具

　　LED 灯具与使用传统光源的灯具有相似之处，也存在不同，总体上，LED 灯具具有结构紧凑、重量轻、体积小、耗能低、响应速度快、抗震性能好、产品种类丰富等优点。表 6-4 为输出光通量相近的 LED 泛光灯（LED 灯具）与安装金属卤化物光源的泛光灯（传统灯具）的参数比较。

输出光通量相近的 LED 灯具与传统灯具比较 表 6-4

LED 泛光灯	金属卤化物泛光灯
光源功率：27W	光源功率：50W
灯具输入功率：35W	灯具输入功率：60W
光源光通量：3780lm	光源光通量：4000lm
灯具输出光通量：3303lm	灯具输出光通量：3300lm
光源光效：约140lm/W	光源光效：约80lm/W
光源数量：9	光源数量：1
重量：2.3kg	重量：6.7kg
输入电压：220V	输入电压：220V
电气配件：电源驱动	电气配件：电感镇流器 + 电容
灯体材质：铸铝	灯体材质：铸铝
防护等级：IP66	防护等级：IP65
色温：多样	色温：3000/4200/6000
寿命：94000h	寿命：12000h
显色指数：80	显色指数：87

LED 灯具与传统灯具的结构通常具有明显的差异。LED 的发光单元体积小，单颗功率低，功率超过一定值的 LED 灯具需要由多颗光源组成，使用透镜实现不同配光的做法在 LED 中十分普遍，部分 LED 灯具也使用反射器形成配光，或同时使用透镜和反射器形成配光。而传统灯具通常包含 1 个或多个光源，主要使用反射器形成配光，仅小部分类型的传统灯具采用透镜（图 6-12）。

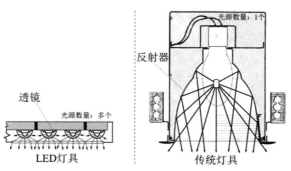

图 6-12　LED 灯具与传统灯具实现配光的方式比较

　　单颗 LED 光源上安装的透镜以及适用于多颗粒整体安装的一体式透镜如图 6-13 所示。通过不同的光学设计，实现不同程度的光束角，包括对称与不对称的类型。图 6-14 为 LED 灯具实现不同配光的方式之一，即由安装透镜的单个 LED 颗粒的配光组合成为整个灯具的配光。

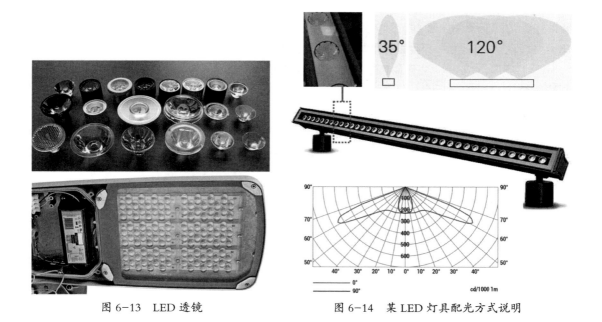

图 6-13　LED 透镜　　　　　　　图 6-14　某 LED 灯具配光方式说明

　　LED 灯具的优点：

　　（1）体积小、重量轻、样式丰富。单个 LED 光源体积小、重量轻，在制作与应用上可以节省大量的空间并组合成丰富的样式。

　　（2）能耗低。LED 光源的发光效率高于大多数传统光源，因此，LED 灯具的功率比相同光通量输出的传统灯具低。

　　（3）坚固而耐用。LED 的芯片被完全地封装在环氧树脂里面，小巧的环氧树脂颗粒极难摔破，整个灯体也没有松动的部分，里面的芯片难于摔断，也不会出现因热效应导致的灯丝升华或熔断现象，这些特点使得LED即便在颠簸状态中也很难损坏。相比于普通白炽灯泡、荧光灯，LED更为耐用。

（4）使用寿命长。在恰当的电流和电压以及使用条件下，LED光源的使用寿命可达10万小时，也即理论上产品寿命达到10年以上。

（5）响应速度快。LED光源对于电气信号的响应速度快，可以根据输入信号的变化迅速改变发光状态，可以用于制作播放动态内容的显示屏或动态照明灯具。

（6）应用范围广。每颗LED光源是小巧的正方形或圆形，所以适合制备尺寸小以及造型复杂的器件，适用于制造柔软的、可弯曲的灯带或异型灯。由于运行电压低，LED光源也可以用于制造输入电压较低的灯具（12V、24V、36V），方便应用于水下或其他要求低电压的场合。

（7）色彩丰富。传统光源要发出彩色光，一是在光源表面刷涂料或遮盖有色片，二是在灯具中充惰性气体发光，色彩的丰富性受到了限制。组合不同光色的LED光源，通过数字控制可以实现丰富的光色输出。

（8）热量散发少。LED是一种冷光源，不像白炽灯、荧光灯那样辐射大量的红外线和紫外线，适用于贵重、脆弱、紫外线敏感、热量敏感等物品的照明。不易使被照对象加速老化、表面褪色、变质，不会显著增加房间制冷能耗。

（9）环境污染少。没有金属汞的危害，LED不像荧光灯那样使用水银，不会出现灯泡制造过程中或者破损后可能泄漏汞离子、荧光粉之类的公共危害事件。LED损坏或者老化后也可以回收再利用，降低了对环境的污染。

（10）光谱可定制。LED灯具可以根据需求定制光谱，或模拟太阳光谱实现所谓的"全光谱"。这种特点也拓宽了LED的应用场合，适用于植物照明、特定显色照明、健康照明等场合。

LED灯具的缺点：

（1）缺乏标准化。LED光源发展迅速，导致LED产品缺少标准化，且不少LED灯具采用不可拆卸光源式设计，在一定程度上增加了LED灯具产品维护的难度与成本。

（2）配光问题。LED灯具的光束角度有限制，单颗粒一般最大至120°，实现更大的光束角则需要使用多个颗粒进行排列布置，而有些传统光源单个光源就几乎可照射360°。

（3）存在频闪的可能性。LED灯具在波形不标准的直流电驱动下会有频闪现象，频闪会导致视疲劳、视觉不舒适。

（4）存在蓝光危害的可能性。部分LED灯具发出的光线中蓝光成分较多，过量的蓝光成分可能伤害眼睛，会影响昼夜节律，影响睡眠。

6.2.3　OLED简介

OLED（Organic Light-Emitting Diode）即有机发光二极管。OLED是一种很薄的面状光源，质地可弯曲，在一定程度上可塑。目前，OLED主要应用于显示领域，但由于OLED

为面光源且可弯曲，有利于与建筑内的构件实现一体化并发挥照明功能（图 6-15），在建筑室内照明领域有良好的应用前景。

图 6-15　OLED 在建筑一体化照明中的应用示例

（1）亮度均匀。OLED 是面光源，可以实现面域内亮度均匀、光线柔和，适用于室内照明。而 LED 为点光源，难以实现绝对均匀，光源中心亮度高，LED 室内照明灯具常需要使用透镜或光线散射片。

（2）质地软。OLED 可以弯曲，有利于用于建筑一体化照明。

（3）轻、薄。OLED 的重量轻，厚度比较小，抗震系数较高，能够适应较大的加速度、振动等比较恶劣的环境。

（4）更宽的视角。OLED 是面光源，发光的可视角宽度超过 170°。

（5）显色性好。白光 OLED 的光谱中没有较大的缺口，这使得 OLED 光源的显色指数非常优异，特别适合用于室内照明，甚至是专业摄影等。

（6）散热好。在灯具设计上，LED 发热集中，需要外加散热装置；OLED 的平面光源特性使其散热表现也较好，不需额外加装散热元件。

（7）发光效率偏低。目前，OLED 的发光效率低于 LED。

（8）寿命短。目前，OLED 的寿命仅为数千小时。

OLED 与 LED 同属固态照明，具有发热量低、耗电量小、反应速度快、体积小、耐震耐冲撞、易开发成轻薄小巧灯具等优势；但在技术成熟度以及商品化方面，OLED 与 LED 仍有一定的差距。

6.3　室外照明灯具

6.3.1　道路与场地照明灯具

1. 路灯（Street Light）

路灯用于照明车行道，根据道路等级的不同，路灯的功率、配光、安装高度、支臂长度不同，通常路灯高度为 6 ～ 12m。路灯所使用的光源类型主要为 LED、高压钠灯、金属卤化物灯，目前，LED 逐渐替代了传统光源。部分路灯还安装有光伏面板或小型风力发电机用于发电，并集成了蓄电池进行储能，在白天发电蓄能，在夜间优先使用电池驱动（图 6-16）。

路灯应具有高发光效率、高防护等级、坚固的结构、优异的配光、方便维护等特点。路灯不仅可应用于城市干道、高速公路、桥梁与隧道，而且可应用于广场、停车场、公园与居住区。

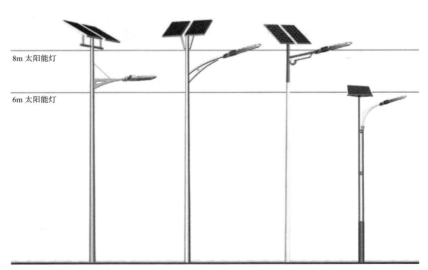

图 6-16　太阳能路灯

国际照明委员会在 1965 年就车行道灯提出了一种分类方法，即完全截光、截光、半截光和非截光，见表 6-5。室外照明灯具的截光情况是提高光线利用效率、限制光污染、保护暗天空的重要指标。在进行室外照明设计、城市照明设计时减少甚至避免灯光逸散至天空中是建设者的责任。

道路照明灯具分类　　　　　　表 6-5

灯具类型	完全截光	截光	半截光	非截光
	80° 90°	80° 90°	80° 90°	80° 90°
80° 方向所发出的光强最大值	100cd	100cd	200cd	无限制
90° 方向所发出的光强最大值	没有光	25cd	50cd	无限制

　　灯具的配光设计由使用需求确定，路灯由于照明面积大，灯杆间距宽，因此，通常采用正面宽配光设计，侧面配光则应按照照明范围的需求设计，斜出光设计有利于缩短支臂挑出长度，有助于限制灯具眩光。图 6-17 为四种路灯的配光设计示意。路灯的应用场景如图 6-18 所示。

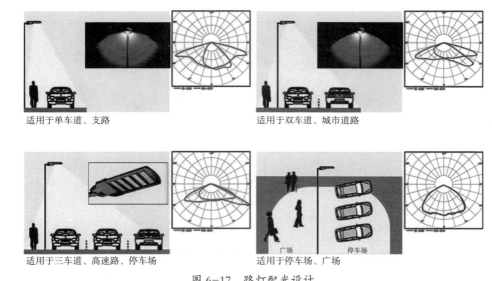

适用于单车道、支路

适用于双车道、城市道路

适用于三车道、高速路、停车场

适用于停车场、广场

图 6-17　路灯配光设计

2. 庭院灯（Pole Light）

　　庭院灯的高度一般在 3 ～ 5m，此类灯具由灯杆、灯罩、光源、电器装置和基础预埋件等组成，除功能性照明外也兼顾景观装饰作用。庭院灯主要用于人行道、广场的照明，具体应用场合包括：城市慢车道、窄车道、居民小区、旅游景区，公园、广场、园林景观等场所的室外照明（图 6-19）。

图 6-18　路灯应用场景

图 6-19　庭院灯应用场景

　　按照灯具的照明方式，庭院灯可分为漫射型、直接型、间接型等（表 6-6）。庭院灯款式类型十分多样：简约风格、繁冗设计，现代元素、古典造型，量产型、定制型不一而足，可以根据场所整体的风格以及照明需求进行选择。

　　庭院灯的布置应根据照明范围（如 4m 宽的道路、直径 25m 的圆形广场），由灯具的高度以及配光确定合适的布灯方式（如道路单侧安装、双侧安装）以及安装间距。

部分庭院灯类型　　　　　　　　　　　　表 6-6

直接型庭院灯	间接型庭院灯	漫射型庭院灯
灯柱	庭院灯 1	庭院灯 2

3. 草坪灯（Bollard Light）

草坪灯是一种常用的低位安装灯具，灯具高度在 1m 左右或在 1m 以内，主要用于较窄的步道照明、园林边界照明以及其他需要在较低的高度进行照明的场合（图 6-20）。草坪灯安装高度低，无突兀之感，不影响远处景观，通常使用数量较多，等间距排布易产生秩序感。草坪灯在发挥照明功能的同时，也在夜间划分出了不同区域之间的边界，在建筑室外环境照明中应用很广泛。表 6-7 列出了部分草坪灯的款式，包括单向发光、两侧发光、四周发光等不同配光方式，在部分布线配电不方便的场合可以安装集成光伏面板和蓄电池的草坪灯。

图 6-20　草坪灯应用场景

表 6-7　部分草坪灯款式

草坪灯 1	草坪灯 2	草坪灯 3
草坪灯 4	草坪灯 5	草坪灯 6

4. 高杆灯、中杆灯（High Mast Pole Light、Middle Mast Pole Light）

高杆灯：灯具安装在高度为 20m 及以上灯杆的灯具。灯头部分主要由多套大功率 LED 灯组成，可以解决道路及大面积场所的整体水平照明，优点是照度均匀，眩光效应小。高杆灯主要应用在大型的运动场、机场、码头、工业厂区、停车场、立交桥等（图 6-21）。部分灯头可以电动升降或机械升降，部分高杆灯的灯头为固定设计，需要爬梯进行维修或安装（表 6-8）。

图 6-21　高杆灯应用场景

部分高杆灯类型及其维护方式　　　　　　　　　　表 6-8

高杆灯（广场、码头照明）	高杆灯（立交桥、机场照明）	高杆灯（体育场地照明）
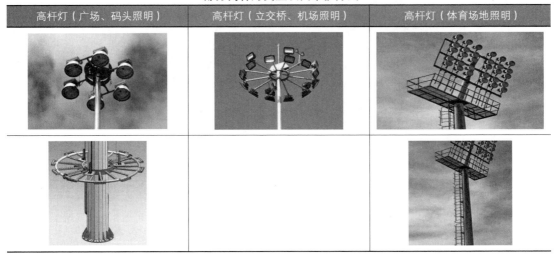		

中杆灯：灯杆高度介于 15 ～ 20m 的场地照明灯具。灯头主要由多套或一套中低功率的 LED 灯具组成，可以解决面积适中的场地或道路的整体照明，优点是照度均匀、眩光效应小。中杆灯主要应用在小型的运动场（网球场、练习场）、工业厂区、停车场等，图 6-22 所示为中杆灯应用于网球场。

图 6-22　中杆灯应用场景

6.3.2　建筑照明灯具

1. 投光灯（Project Light）

投光灯是室外照明灯具中的一个大门类，凡是利用透镜或反射器将光源发出的光线限定在某角度范围内进行有指向性的照明的灯具都可以归类为投光灯（表 6-9）。投光灯习惯上可以做如下分类。

泛光灯（Flood Light）：光束角大于 20° 的投光灯，通常可转动并指向任意方向。泛光灯有方形、圆形等不同形式，大功率泛光灯可以用于整体照亮建筑立面，中小功率的泛光灯可以用于照亮建筑局部。

射灯（Spot Light）：通常具有直径小于 0.2m 的出光口且光束角不超过 20° 的投光灯。射灯的光束角较窄，主要用于照明重点部位，或营造窄光束照明效果。

投光灯在建筑照明中的应用十分广泛，可以实现丰富的照明效果，是建筑照明离不开的灯具类型，图 6-23 为使用投光灯照明的建筑。虽然洗墙灯、地埋灯、水下灯等也属于投光灯范畴，但这几种灯具类型有特定的安装位置或专项的照明用途。

部分类型投光灯及其照明效果　　　　　　　　　　　　　表 6-9

泛光灯（大功率）	泛光灯（中小功率）	射灯

图 6-23 投光灯照明案例

2. 洗墙灯（Wall Washer Light）

照亮墙面是建筑照明的主要需求之一。为了满足这种需求，出现了一种以"洗亮"墙面为目标的线形投光灯，称为"洗墙灯"。相较于一般的线形灯，洗墙灯的配光进行了有针对性的设计，更适用于均匀照亮建筑立面（表 6-10）。

部分类型洗墙灯及其照明效果　　　　　　　　　　　　　　　表 6-10

洗墙灯 1	洗墙灯 2	洗墙灯 3

3. 地埋灯（Ingrounds Light）

地埋灯是灯体埋在地下向地上照明的灯具，根据灯具设计构造不同可以发挥不同的作用。部分地埋灯可以发挥投光灯的作用，从地面向上照亮目标对象，如以"洗墙"为目标的地埋洗墙灯；部分地埋灯通过自身发光起到标识的作用，如用于广场照明等。地埋灯有不同的形状，常见的有圆形地埋灯、方形地埋灯、线形地埋灯，表 6-11 为部分类型地埋灯及其照明效果。

部分类型地埋灯及其照明效果　　　　　　　　　　表 6-11

圆形地埋灯	方形地埋灯	线形地埋灯

4. 壁灯（Wall Mounted Light）

壁灯是安装于墙壁上的灯具。壁灯的款式多种多样，有向下出光、向上出光、上下同时出光、四周漫射等多种类型。一部分壁灯可以明装在建筑立面不同高度，根据光效的不同起到营造气氛或装饰照明的作用，还有一部分壁灯嵌入墙内安装，嵌入式壁灯安装在阶梯一侧墙面低位可以较好地照明台阶踏步（表 6-12）。

部分类型壁灯及其照明效果　　　　　　　　　　表 6-12

壁灯 1	壁灯 2	壁灯 3

5. 直观照明灯具（Direct Viewing Light）

一类建筑照明灯具不以照明其他对象为目标，而是通过自身在建筑立面上的组合形成具有装饰性的夜景效果，由于观看者直接看到的是灯具本身，因此称为"直观照明灯具"。

直观照明灯具通常为中小功率。线形 LED 灯具可以安装于建筑立面，直接发挥装饰照明的作用，LED 数码管可用于建筑轮廓照明，LED 点光源在建筑立面、桥梁等构筑物上都有相应的应用（表 6-13）。

部分类型直观照明灯具及其照明效果　　　　　　　　　　　　表 6-13

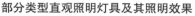
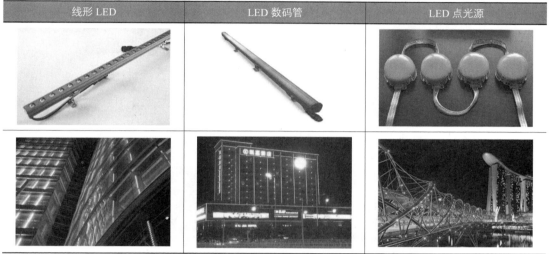

线形 LED	LED 数码管	LED 点光源

6.3.3　园林景观照明灯具

1. 照树灯（Garden Flood Light）

照树灯是用于照明树木或灌木的投光灯具。照树灯通常为小型泛光灯具，固定于地面，向上照明树冠，窄光束用于照明冠幅小、树干高的树木，宽光束用于照明冠幅大的树木。有一类照树灯安装有插针式底座，方便直接插入泥土固定，可以称为"插泥灯"（Spike Flood Light），如果花园中有安装基础则可以通过螺栓固定的方式进行明装（图 6-24）。此类灯具的照明对象不仅限于树木，也适用于照明草坪、低矮灌木等。

图 6-24　照树灯及其应用场景

2. 水下灯（Under Water Light）

水下灯是在水下安装使用的灯具。水下灯的防护等级要求为 IP68，灯体通常由不锈钢（或铜）与钢化玻璃密封。由于水下灯具要求低电压运行，目前水下灯均为 LED 光源，灯具输入电压为 12V 或 24V，水下灯的电源驱动应为外置设计，电源驱动需安装在远离水池一定距离的位置。图 6-25 为两种较为常见的水下灯款式。

水下投光灯

喷泉灯

图 6-25　水下灯及其应用场景

3. 草坪灯（Bollard Light）

道路照明中介绍过的草坪灯也可以用于园林景观照明。

6.4　室内照明灯具

6.4.1　一般照明灯具

室内空间需要一定的照度便于人们使用，以照明整个场地为目标的灯具可以被称为一般照明灯具，常用的一般照明灯具包括筒灯、灯盘等。

1. 筒灯（Downlight）

筒灯是一种光线下射式的室内照明灯具，安装方式可分为明装式（Open-Mounted）和嵌入式（Recessed）两类。

明装筒灯是指灯具直接在顶棚表面安装、灯体凸出顶棚的筒灯类型。明装筒灯通常为圆桶形或方形设计，用于无吊顶的室内空间。选择筒灯时除了考虑外形以及尺寸因素外，应根据照明空间的面积合理选择光束角宽窄以及灯具布置间距。表 6-14 为部分明装筒灯及其照明效果。

部分明装筒灯及其照明效果　　　　　　　　表 6-14

明装筒灯（圆形）	明装筒灯（方形）	明装筒灯（薄形）

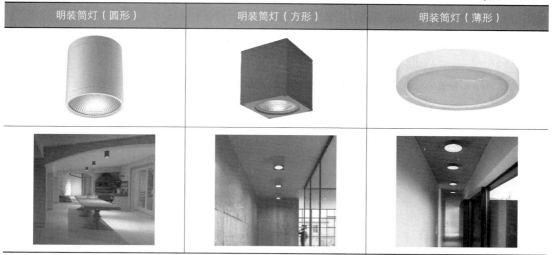

嵌入式筒灯为嵌装于吊顶内部的隐置性灯具。嵌入式筒灯可以直接固定于吊顶的开孔之上，灯具出光口与吊顶基本找平，灯体隐藏效果好，是应用最为广泛的一类筒灯。表 6-15 为部分嵌入式筒灯及其照明效果。

部分嵌入式筒灯及其照明效果　　　　　　　表 6-15

嵌入式筒灯 1	嵌入式筒灯 2	嵌入式筒灯 3

2. 灯盘（Light Panel）

灯盘是安装在顶棚的矩形或方形灯具，安装方式多为嵌入式。嵌入式灯盘的尺寸可以和顶棚材料相同，方便嵌入顶棚安装，增强灯具与顶棚的整体感。也有明装灯盘，适用于无吊顶的室内空间。表 6-16 为部分灯盘及其照明效果。老式灯盘的光源为（荧光）灯管，常安装格栅盖板以防止眩光。目前，更多的灯盘以 LED 模组为光源，盖板为乳白色亚克力材料，出光口亮度均匀度高，这种灯盘也称作"面板灯"。

部分灯盘及其照明效果 表 6-16

嵌入式灯盘（长方形）	嵌入式灯盘（方形）	明装灯盘

6.4.2 工作面照明灯具

工作面照明灯具旨在照明办公桌、课桌等工作面所在位置。工作面所需求的照度通常高于环境照度，为了兼顾照明效果以及能耗，有必要提高光线的利用率。一方面，灯具与工作面之间的距离不宜过远，且灯具配光不宜为漫射式；另一方面，工作面照明灯具应注意限制眩光。

1. 悬挂式灯具（Hanging Lamp）

通过悬挂式安装（吊装）的方式可以缩短灯具与工作面的距离，因此，悬挂式灯具在办公室、教室等有明确工作面照明需求的场所应用较为普遍。表 6-17 为部分悬挂式灯具及其照明效果。

部分悬挂式灯具及其照明效果 表 6-17

悬挂式灯具 1	悬挂式灯具 2	悬挂式灯具 3

2. 落地式灯具（Floor Lamp）

落地式灯具距离工作面的高度也可处于较为适宜的范围，且不像台灯需要占据桌面空间，因此，近来应用在办公室、工作室等场所。图 6-26 为照明办公桌面的落地式灯具。

图 6-26　照明办公桌面的落地式灯具

6.4.3　重点照明灯具

射灯（Spot Light）的作用是重点照明目标对象，在建筑室内照明中应用极为广泛。射灯通常为窄光束，照射方向可调整。射灯根据安装方式的不同可以分为明装射灯、嵌入式射灯、轨道式射灯等。表 6-18 为部分射灯及其照明效果，图 6-27 为不同光学设计的射灯的照明效果。

部分射灯及其照明效果　　　　　　　　　表 6-18

| 轨道式射灯 | 明装射灯 | 嵌入式射灯 |

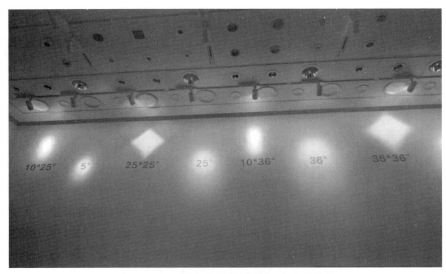

图 6-27　不同光学设计的射灯的照明效果

　　室内照明灯具的种类丰富，如灯带、灯饰、投影灯等均在室内照明中发挥着相应的作用，限于篇幅不在此作全面介绍。

第**7**章　人工照明（下）：照明设计

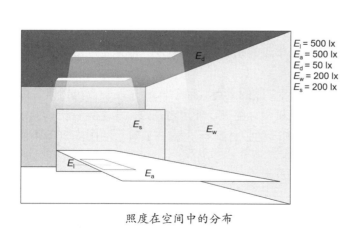

$E_l = 500$ lx
$E_a = 500$ lx
$E_d = 50$ lx
$E_w = 200$ lx
$E_s = 200$ lx

照度在空间中的分布

7.1 人工光环境评价

7.1.1 照明需求

室外照明可以分为功能性照明和景观性照明两类。如图 7-1 所示，功能性照明是为了满足人们在室外活动、交通、作业、运动的照明需求；景观性照明是为了创造供人们欣赏的夜景而进行的照明。

图 7-1　功能性照明与景观性照明场景

室内照明可以分为功能性照明和氛围性照明。功能性照明是为了满足人们在室内活动、作业、观看目标对象的照明需求，具体包括一般照明、作业面照明、展示照明和氛围性照明几类；氛围性照明是以营造某种氛围为目的而进行的装饰性照明。

人在不同的场景中对于人工照明的需求不尽相同，该需求是照明设计的出发点，着手照明设计的首要任务就是掌握目标场景中主体对于照明的需求。室外环境中的功能性照明场合包括：步行道、车行道、体育场、广场、室外作业区等，而建筑夜景照明、构筑物夜景照明、植物景观照明、水景照明等则属于景观性照明范畴。室内场景中需要从事视觉作业或以视看目标对象为主要需求的场合通常有明确的功能性照明需求，如办公室、手术室、车间、阅览室、医院病房、博物馆、美术馆等。对于餐厅、会所、商店、住宅、舞台等场合，在满足照明功能性的同时，也适宜通过光环境营造相应的氛围。宗教场所、娱乐场所等场合的照明设计以营造特定氛围为主要目的。

高质量的功能性照明是本书讲述照明设计的重点。照明水平充足、光色适宜、显色性良好、照度均匀稳定无频闪、眩光水平可接受，能够令使用者高效率地进行视觉作业或行为活动、清楚地看清目标对象真实状态是主要的设计目标。表 7-1 对于不同场景下不同的照明需求做出了简要描述。

不同场景对于功能性照明的需求　　　　表 7-1

	场景	照明需求描述（略）
室外	步行道	足够照度（清晰地看清周围环境）、一定的照度均匀度、保护暗天空
	运动场	足够的照度（满足运动员、观众、电视转播需求）、较高的照度均匀度、低眩光、中高色温、显色性达标、频闪弱
室内	办公室	工作面照度达标、中高色温、高显色性、直接眩光程度低、显示器上无反射眩光、无频闪
	美术展厅	照明对象亮度足够、高显色性、体现立体感、零眩光、保护展品（无紫外线、无高热量）

综上所述，高质量的室外人工光环境应满足如下特点：

（1）适当的照度或亮度水平（道路、广场、室外作业场地的照度满足相关标准要求）；

（2）提供安全感（做到提示边界、强调在夜间易存在危险的区域）；

（3）部分场合中色温、显色性满足要求；

（4）限制光污染，保护暗天空；

（5）眩光程度可接受；

（6）一定的照度均匀度；

（7）稳定，无可感知的频闪现象。

高质量的室内人工光环境应满足如下特点：

（1）适当的照度或亮度水平；

（2）合理的照度分布（对于有照度均匀度要求的场合应满足照度均匀度指标）；

（3）舒适的亮度分布（对象与背景之间的亮度对比、区域间的亮度差异）；

（4）适宜的光色（包括色温、显色性等，影响对物体颜色的判别和人的心理感觉）；

（5）无眩光影响；

（6）稳定，无可感知的频闪现象；

（7）不损害被照对象（照明展品时）。

7.1.2　照度标准

照明系统由正常情况下使用的照明系统——正常照明系统，以及当正常照明系统失灵时，为保证操作继续进行、人员安全或尽快疏散等要求而使用的照明系统——应急照明系统组成。这里主要以正常照明系统为对象介绍照度标准。

1. 总则

人们对于照度的需求程度主要由视觉作业的特点决定。在室外场景中，人群密集的场所以及车流密集且速度快的道路需要高照度，室外作业场所的照度应比无作业需求的场所照度更高。室内场景中，短暂停留的场所需求的照度低，长时间滞留的场所需要的照度高。在作业场所中，视觉目标精细的场所需要更高的照度。

2. 室外场所照度标准

室外场所照明主要包括道路照明、广场照明、室外作业区照明等。

　　根据道路使用功能，城市道路照明可分为主要供机动车使用的机动车道和交汇区照明以及主要供行人使用的人行道照明。根据道路级别的不同，照度要求有相应的增减，表 7-2 为机动车道及交汇区照度标准参考，表 7-3 为人行道及非机动车道照度标准参考。机动车道及交汇区对于均匀度的要求为 0.3 ~ 0.4，受灯具安装间距的影响，人行道及非机动车道难以对路面照度均匀度做出要求，而是对路面最小照度做出了规定，避免出现照明间断现象，具体可参考《城市道路照明设计标准》CJJ 45—2015[52]。

机动车道及交汇区照度标准参考　　　　　　　　　　　　　表 7-2

道路类型		路面平均照度（lx）	均匀度
机动车道	快速路、主干路	20	0.4
	次干路	15	0.4
	支路	8	0.3
交汇区	主干路交汇区	30	0.4
	次干路交汇区	20	0.4
	支路交汇区	15	0.4

人行道及非机动车道照度标准参考　　　　　　　　　　　　表 7-3

道路类型		路面平均照度（lx）	路面最小照度（lx）
人行道	商业步行街	15	3
非机动车道	流量较高的道路	10	2
	流量中等的道路	7.5	1.5
	流量较低的道路	5	1

　　广场公共活动区中绿地的平均水平照度应为 2 ~ 5lx，广场中的人行道照度应为 5 ~ 10lx，地面照度应为 10 ~ 15lx，主要出入口照度应为 20 ~ 30lx，更详细的内容可参考《城市夜景照明设计规范》JGJ/T 163—2008[53]。

　　室外作业场地标准应根据具体的作业内容进行设定，具体可参考《室外作业场地照明设计标准》GB 50582—2010[54]。

3. 室内场所照度标准

　　室内照明设计标准根据不同空间类型有相应的规定，内容较多，总体上，室内照明标准遵循下述原则（表 7-4），更具体的室内照明设计标准可参考《建筑照明设计标准》GB 50034—2013。

室内场所及其照度推荐值　　　　　　　　　　　　　　　　表 7-4

照明类型	空间类型	照度推荐值（lx）
短时使用空间一般照明	公共走廊、通道	50
	楼梯间或短暂停留空间	100
	非连续使用空间、大厅、公共区	200

续表

照明类型	空间类型	照度推荐值（lx）
工作空间一般照明	有采光的办公室	300
	会议室	300
	办公室、数据处理工作区	500
	开敞办公空间、技术作图和设计室	750
	精细视觉作业、精加工处理、有辨色需求的场合	1000
精细视觉作业区重点照明	手术室、微电子装配	2000

7.1.3　照明质量标准

1. 光环境的亮度分布

视野内亮度分布主要考虑以下几点：

（1）作业面的亮度及其邻近环境的亮度；

（2）吊顶、墙面和地面的亮度；

（3）灯具的亮度。

对于严谨的照明设计项目来说，有必要进行详细的亮度计算；对于普通光环境和要求达到特殊艺术效果的光环境来说，需要遵守一些易用的、旨在避免不舒适的极端对比的规则。如图 7-2 所示，美国建筑师协会推荐阅览场景中不同区域之间（工作面 / 工作面相邻区域 / 周围环境）的亮度比为 10：3：1。

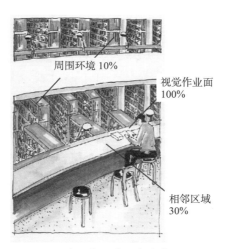

图 7-2　某阅览场景的亮度等级划分

2. 照度均匀度

照度均匀度的定义为表面上的最小照度与平均照度之比。

室外空间中，对部分类型的车行道以及室外作业区做出了照度均匀度要求（根据场合的不同为 0.25 ~ 0.4），步道对于路面最小照度进行要求，广场应充分考虑设计条件尽量提高照度均匀度。

室内空间中，公共建筑的工作房间和工业建筑作业区域内的一般照明的照度均匀度不应小于0.7，而作业面邻近周围的照度均匀度不应小于0.5。

房间或场所内的通道和其他非作业区域的一般照明的照度值不宜低于作业区域一般照明的照度值的1/3。

3. 色温和显色性

人在某类场所中进行特定行为时会有一定的色温偏好。光源的色温按照温度感觉大体可以分为暖（<3300K）、中间（3300~5300K）、冷（>5300K）三组，不同色温适用的场所见表7-5。

光源色温适用场所　　　　　　　　　　　　　　　　表7-5

光色温度感觉	相关色温（K）	适用场所举例
暖	<3300	客房、卧室、病房、酒吧、餐厅
中间	3300~5300	办公室、教室、阅览室、诊室、检验室、机械加工车间、仪表装配
冷	>5300	高照度场所、运动场

长期工作或停留的房间或场所，照明光源的一般显色指数（R_a）不宜小于80。对于准确辨识颜色有较高要求的场所（画室、展厅、印刷车间、调色等），要求R_a不低于90且R_9不低于90。

4. 眩光

公共建筑常用房间或场所的不舒适眩光应采用统一眩光值（UGR）进行评价，室外体育场所的不舒适眩光应采用眩光值（GR）进行评价。图7-3为某体育场场地照明眩光分析案例，（a）为该体育场平面与眩光观察者位置，（b）为各个观察者位置上以15°为间隔分析各个视线方向的GR值的分析结果汇总表。

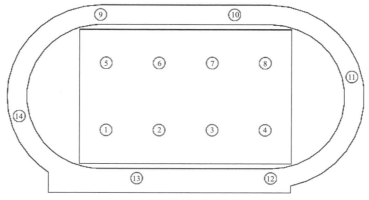

（a）场地平面与观察者位置

图7-3　某体育场场地照明眩光分析案例（一）

GR 计算点列表

编号	名称	位置 [m]			观察角度范围 [°]				最大值
		X	Y	Z	启始:	结束:	阶梯宽度	斜坡	
1	观察者 1	-39.375	-17.000	1.000	0.0	360.0	15.0	-2.0	43 2)
2	观察者 2	-13.125	-17.000	1.000	0.0	360.0	15.0	-2.0	46 2)
3	观察者 3	13.125	-17.000	1.000	0.0	360.0	15.0	-2.0	46 2)
4	观察者 4	39.375	-17.000	1.000	0.0	360.0	15.0	-2.0	44 2)
5	观察者 5	-39.375	17.000	1.000	0.0	360.0	15.0	-2.0	42 2)
6	观察者 6	-13.125	17.000	1.000	0.0	360.0	15.0	-2.0	46 2)
7	观察者 7	13.125	17.000	1.000	0.0	360.0	15.0	-2.0	45 2)
8	观察者 8	39.375	17.000	1.000	0.0	360.0	15.0	-2.0	43 2)
9	观察者 9	-42.195	41.380	1.000	0.0	360.0	15.0	-2.0	39 2)
10	观察者 10	24.158	41.380	1.000	0.0	360.0	15.0	-2.0	42 2)
11	观察者 11	82.318	10.121	1.000	0.0	360.0	15.0	-2.0	39 2)
12	观察者 12	42.195	-41.380	1.000	0.0	360.0	15.0	-2.0	39 2)
13	观察者 13	-24.158	-41.380	1.000	0.0	360.0	15.0	-2.0	43 2)
14	观察者 14	-82.318	-10.121	1.000	0.0	360.0	15.0	-2.0	38 2)

（b）GR 计算结果汇总

图 7-3　某体育场场地照明眩光分析案例（二）

7.1.4　照明节能指标

照明节能的措施主要包括：优先选用高效的照明光源、电源驱动，照明灯具宜与天然光联动控制，照明灯具宜具有根据房间使用状况进行动态控制的措施，层高超过 10m 的空间不应大范围使用间接照明，宜利用太阳能作为照明能源。

目前，建筑照明主要使用照明功率密度和照明耗电量两个指标衡量节能程度。

照明功率密度指单位面积上的照明安装功率，单位为 W/m²。

照明耗电量指一段时间上照明设备所消耗的电能量，单位为 kW·h，常使用年照明耗电量，即一年内照明设备所消耗的电能量（单位：kW·h/yr）。

照明功率密度和照明耗电量两者各有特点。照明功率密度测量简单，由照明设备的安装功率决定，不考虑灯具的实际运行状况。照明耗电量同时考虑照明设备的安装功率以及实际运行和控制情况，但测量需要长期（至少两周）连续进行。表 7-6 为办公建筑照明功率密度限值，表 7-7 为办公建筑单位面积年照明耗电量限值。

办公建筑照明功率密度值　　　　　　　　　　　　表 7-6

房间或场所	照明功率密度（W/m²）		对应照度值（lx）
	现行值	目标值	
普通办公室	11	9	300
高档办公室、设计室	18	15	500
会议室	11	9	300
营业厅	13	11	300
文件整理、复印、发行室	11	9	300
档案室	8	7	200

办公建筑单位面积年照明耗电量限值　　　　　　　表 7-7

房间或场所		单位面积年照明耗电量限值 [kW·h/（yr·m²）]	计算时间
普通办公室		16	
高档办公室、设计室		27	
会议室		16	
服务大厅		20	工作日（250d）8:30—17:30
走廊	一般	4	
	高档	7	
卫生间	一般	2	
	高档	4	

7.2　室外照明设计

7.2.1　功能性照明设计

室外照明设计项目通常遵循"先功能，后景观"的原则，即先开展功能性照明设计，在此基础上再进行景观性照明设计。室外功能性照明主要包括道路照明、广场照明、露天停车场照明、体育场地照明、室外作业区照明等。

1. 道路照明

在进行道路照明设计时，应根据道路的级别选择不同高度的灯具，如路灯、庭院灯、草坪灯等。常规照明灯具的布置方式可分为单侧布置、双侧交错布置、双侧对称布置、中心对称布置和横向悬索布置（图 7-4）。应根据道路横断面形式、道路宽度及照明要求进行选择，其中单侧布置、双侧交错布置适用于较窄的道路，双侧对称布置适用于宽路面，中心对称布置适用于两条相邻的平行道路共享一个灯杆，在行道树遮光严重的道路可选择横向悬索布置方式。

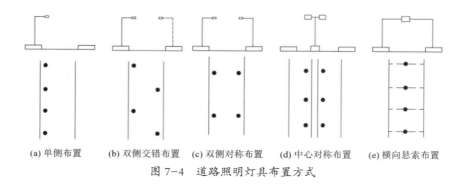

(a) 单侧布置　(b) 双侧交错布置　(c) 双侧对称布置　(d) 中心对称布置　(e) 横向悬索布置

图 7-4　道路照明灯具布置方式

如图 7-5 所示，路灯、庭院灯、草坪灯等均可用于不同等级的道路照明，室外设置有台阶踏步的区域也属于功能性照明范围，对于人行安全较为重要，应相应地进行照明。

图 7-5 不同灯具类型进行道路照明示例

2. 广场照明

各种类型与尺度的广场在夜间均需要照明。如图 7-6 所示，对于尺度较大的广场，如城市中心广场、站前广场、纪念碑广场等，可以通过高杆灯进行照明。这种方式的优点在于灯杆数量少，通常布置在广场边缘，较易实现地面高照度；不足之处在于较高的灯杆对于日间视觉效果影响强烈。对于尺度中等的广场，可以使用在广场内布置庭院灯或多头路灯的方

图 7-6 不同方式的广场照明示例

式进行照明。这种方式的优点在于平衡了灯杆的突兀程度以及广场照度；不足之处在于数量较多的灯杆需要矗立在广场之中，在一定程度上影响了广场的开敞使用。对于尺度较小且四周有良好绿化的广场，可以通过植物照明达到照亮广场的目的。对于尺度较小且少有人员聚集的商业空间广场，可以通过地面嵌入式灯具进行广场照明，这种做法的优点在于无灯杆突兀问题，但地面照度低。

3. 露天停车场照明

露天停车场照明属于场地照明中的一类，目的是为停车区域提供一定的照明，根据停车场的规模可以采用大功率灯具从场地边沿朝向场地进行投光照明的方式，或使用中小功率灯具在停车位中间位置分散布置向下照明方案（图7-7）。

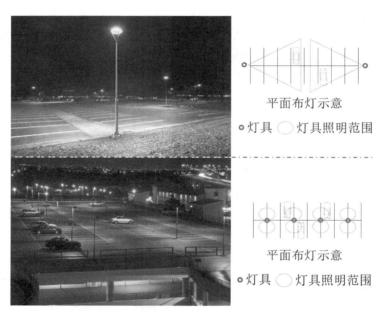

图7-7 露天停车场照明方式

4. 体育场地照明

体育场地照明是功能性照明中的一类，对于不同类型、不同规模的运动场地大致可以分为两类照明方式：对于没有雨棚以及设备安装马道的场地可以使用在场地周围布置灯杆，灯杆上安装单头或多头投光灯具进行照明的方式；对于有雨棚以及设备安装马道的运动场，可以在雨棚檐口下的马道上安装投光灯具进而照明场地（图7-8）。

5. 室外作业区照明

通常采用在场地内塔式起重机上安装灯具形成类似高杆灯的照明方式、在邻近建筑物立面或构筑物上安装泛光灯向工作区进行投光照明的方式、在建筑内专门安装灯杆进行场地照明等方式进行室外作业区照明。

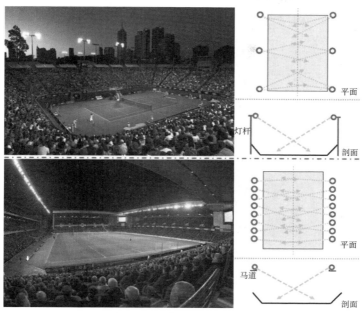

图 7-8　体育场地照明方式

7.2.2　景观性照明设计

景观性照明是为了创造供人们欣赏的夜景而进行的照明，主要以供人们审美或营造节假日气氛为目的，通过合适的照明手段达到预期的照明表现效果。景观性照明主要包括建筑立面照明、构筑物照明、植被照明、水景照明等。

1. 建筑立面照明

建筑立面照明的目的是通过灯光照明作用于建筑物之上展现建筑夜间形象，建筑立面照明的设计手法多种多样，应综合考虑建筑物类型、风格、属性、立面结构、体量、所处地段以及周围环境等因素确定预期的照明效果，进而选择适宜的照明手法。如图 7-9 所示，对于部分类型的建筑可以采用泛光照明的方式进行夜景照明，大面积的泛光照明可以达成建筑亮化的效果，尽管其照明手法粗犷、难以体现细节、易造成光污染，但由于灯具不安装在建筑上，尤其适用于保护性建筑亮化，我国布达拉宫夜景照明就是大面积泛光照明的代表作。此外，通过功率较小、配光合适的泛光灯以及射灯，结合洗墙灯也可以达到效果良好的泛光照明效果，合理的布灯能够突出重点、展现细部、营造出建筑的层次感。如图 7-10 所示，伴随着幕墙建筑的出现，内透光照明的手法得到了应用，通过照亮幕墙内侧的实体（如顶棚、卷帘或其他非透明构件）形成光线由内透出的效果，强调幕墙建筑的通透感。此外，部分建筑为了营造热闹的节假日气氛，将显示技术应用于建筑外立面，形成可以播放图像或视频内容的"媒体立面"，但其不足之处在于能耗高、光污染严重。

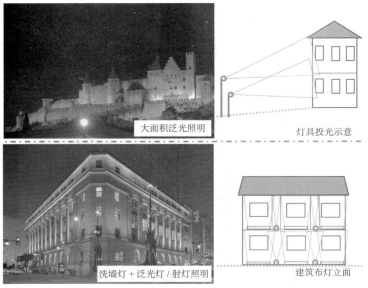

大面积泛光照明   灯具投光示意

洗墙灯＋泛光灯／射灯照明   建筑布灯立面

图 7-9   建筑泛光照明

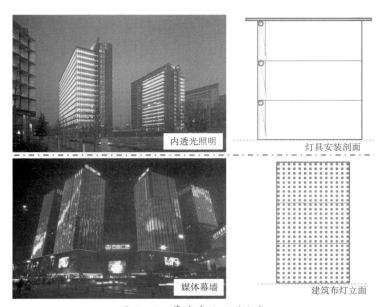

内透光照明   灯具安装剖面

媒体幕墙   建筑布灯立面

图 7-10   幕墙建筑照明方式

2. 构筑物照明

  城市中高塔、位于重要位置的桥梁、处于景观带之中的工业建筑等构筑物是夜景照明设计的对象。如图 7-11 所示，钢结构的构筑物可以使用中小功率投光灯照亮结构的方式营造景观照明效果。泛光照明同样适用于构筑物，图 7-12 为采用泛光照明的方式对构筑物进行景观性照明的案例。

图 7-11　钢结构构筑物夜景照明　　　　　图 7-12　混凝土构筑物夜景照明

3. 植被照明

通过投光灯进行植被照明是最常见的做法。通过投光灯安装于树下向上照明树冠可以营造较好的树木照明效果，对于草坪以及部分低矮灌木则可以通过投光灯以较低的倾角进行投光照明（图 7-13）。

图 7-13　植被照明

4. 水景照明

水景需通过水下灯具进行照明，水下灯可以按照预期效果选择彩色光或者可变色灯具。如图 7-14 所示，对于水池照明可以将水下灯固定于池底或嵌入水池侧壁；对于瀑布照明可以根据瀑帘的大小选择投光照明的方式或将灯具安装于落水位置；对于喷泉照明则有专用的喷泉灯具，将灯具套在喷泉喷嘴上可以获得良好的喷泉照明效果。

图 7-14 　水景照明

7.3　室内照明设计

7.3.1　功能性照明设计

室内功能性照明主要包括一般照明、作业面照明、展示照明等。

1. 一般照明

一般照明指不考虑特殊部位的需要，为照亮整个场地而设置的照明。一般照明的具体做法多种多样，常见的方案是通过将筒灯以一定间距布置在顶棚上实现均匀照亮整个场地；对于层高较高的室内空间，可以采取吊装下射式灯具的方案实现地面照度达标。此外，发光顶棚的做法有利于营造均匀度高、无眩光的室内一般照明效果。除了直接照明方式外，通过间接照明的手法，即使用灯具向上投光将顶棚照亮进而营造柔和、无眩光的室内光效也是可行的做法，但间接照明效率偏低，不建议在层高较高的空间中使用（表 7-8）。

合理的灯具选型以及布置才能够满足整个场地对于照度、照度均匀度、色温、显色性的要求，其中色温和显色性由光源特征决定，灯具的照明方式与布置决定了照度以及照度均匀度表现。对于筒灯或其他下射式灯具来说，为了达到照度、照度均匀度要求，灯具选型与布置需要综合考虑目标照度、层高、光源类型、灯具功率以及配光曲线（光束角）。以

一般照明常用设计方案　　　　　表 7-8

一定功率的 LED 筒灯为例，为了实现地面上一定的照度以及照度均匀度，当层高较低时宜选择配光较宽的型号，当层高较高时则应选择配光较窄的型号并增加灯具数量、缩小灯间距（图 7-15）。

160　建筑光学

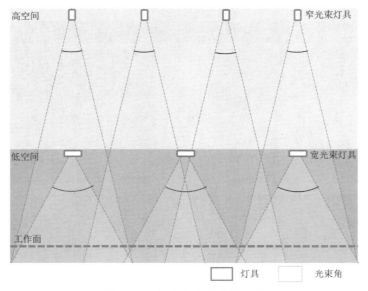

图 7-15　灯具光束角选择说明

2. 作业面照明

作业面照明是以照明人们用于工作、学习的作业面为主要目标的室内照明。如教室、办公室照明中就应以提供满足要求的桌面照度以及照度均匀度为主要目标。

教室、办公室照明最常使用中高色温的高显色性直接照明灯具（如灯盘）明装、吊装或嵌入吊顶内进行照明。如图 7-16 所示，我国教室选择吊装直接照明灯具进行室内照明，

图 7-16　常见的教室与办公室照明方案

某办公室使用灯盘嵌入式安装于吊顶内进行照明。上述照明方案中灯具照明方向垂直向下，有利于高效率利用光通量从而达到工作面水平照度标准。此外，部分教室和办公室在使用吊装灯具时也适宜使用直接或间接照明灯具进行照明，同时照亮作业面和房间上部，有助于进一步提升室内照度均匀度，在整个空间中营造更为明亮的视觉效果。

　　当层高确定时，根据工作面位置以及预期照度水平，选择合适的灯具（主要参数包括功率、配光）进行布置。图 7-17（a）为某教室灯具布置方案，根据所选择灯具的配光情况（反应在平面上为灯具的有效照明范围）进行布置；图 7-17（b）为某办公室灯具布置方案，该办公室选择使用小功率灯具、更紧密布置的方案，有助于提高照度均匀度。上述灯具布置原则均为定性介绍，建议在进行灯具布置时通过照明计算软件进行模拟，基于计算结果确定灯具的选型与布置方案。

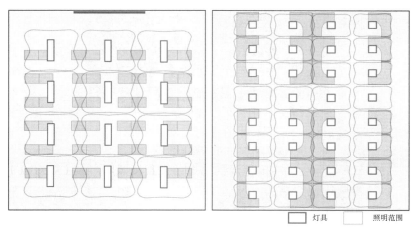

灯具　　照明范围

（a）某教室灯具布置方案　　　　　（b）某办公室灯具布置方案

图 7-17　灯具布置平面示例

　　教室、办公室类空间主要使用灯盘进行照明，此类照明方案的防眩光措施主要基于灯具自身的防眩光装置，最常用的是防眩光格栅。格栅的作用在于显著降低灯盘出光口平均亮度，并保证灯具下方的照明效率（图 7-18）。

图 7-18　通过格栅控制灯具眩光程度

3. 展示照明

展示照明是指以照明供人们观看的目标对象为主的照明类型。零售空间、美术馆、博物馆等场所，为了强调目标对象，使用射灯对准目标进行照明是常见的手法。展示照明应使用具有高显色性、中性色温的灯具，且对于眩光的控制较为严格，除了应注意限制直接眩光外，对于放置在玻璃柜内或自身表面有一定光泽的物体，还应注意避免一次反射眩光、二次反射眩光的出现（图 7-19）。此外，光线热量、紫外线辐射等可能损伤被照物体的因素也应在设计时给予考虑。表 7-9 为不同射灯在美术馆和零售空间中的应用。

图 7-19　反射眩光

不同射灯在美术馆和零售空间中的应用　　　　表 7-9

	轨道射灯	嵌入式射灯
美术馆		
零售空间		

在照射墙面上的展品或台子上的物体时，射灯的入射角宜为 30°～45°，如此有助于生动地展示视看对象并且避免反射眩光的出现，射灯的光束角应根据照射距离以及目标物体尺寸确定（图 7-20）。当需要体现被照物体的立体感时，应使用位于不同位置的多套灯具从不同方向照明该物体，从而实现良好的照明效果。

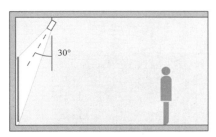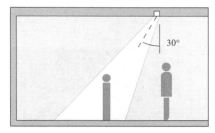

图 7-20　射灯照射角度与光束角选择

7.3.2　氛围性照明设计

氛围性照明是以营造气氛为目标进行的装饰性照明。应充分估计光的表现能力，结合空间的用途、形式以及尺度等条件，对光的分布、光的明暗构图、光色作出设计，使之达到预期的视觉效果，营造某种适合场地用途的氛围，进而作用于人体的情绪感受。

光的亮度、色彩以及光线在空间中形成的构图是决定气氛的主要因素。如亮的房间比暗的房间更为刺激，但是这种刺激必须和空间所应具有的气氛相适应；光线弱的灯以及位置布置得较低的灯，易于在房间中营造静谧的氛围；空间中心亮而周围环境暗则易突出视觉焦点；当人处于周围墙壁亮而地面暗的环境中时，则易产生放松的心态（图 7-21）。某些餐厅既无整体照明也无桌上吊灯，只用柔弱的点点烛光照明来渲染气氛。

图 7-21　不同照明方案产生不同的氛围

　　室内的气氛也因不同的光色而变化。一般而言，低色温、暖色光配合低亮度给人温馨的感受，高色温、冷色光配合高亮度则易令人投入工作状态。在某些特定的场合也可以通过彩色光营造氛围，如在餐厅、酒肆、娱乐场所等使用彩色光，使整个空间具有符合本场所需要的气氛。由于光色的加强，光的亮度相应减弱，更加凸显了空间的氛围感，有助于人们的特定活动以及放松沟通（图 7-22）。强烈的动态多彩照明可以活跃室内气氛，增加热闹的氛围。

图 7-22　通过彩色光营造室内氛围

　　氛围性照明的手法多样，常用的有灯槽照明、洗墙照明、使用射灯重点照明、壁灯照明、间接照明、图案投光照明以及应用各类灯饰进行照明等（图 7-23）。

图 7-23　氛围性照明手法

扫码看彩图

第8章 城市照明

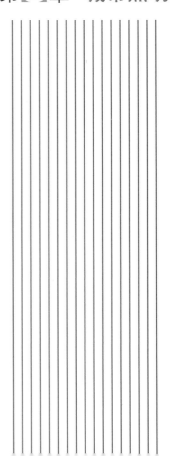

照明为城市增光添彩

8.1　城市照明规划

8.1.1　城市照明发展现状

按照室外照明的分类，城市照明仍分为功能性照明和景观性照明。城市尺度的功能性照明主要为道路、广场照明，景观性照明主要为重要的景观轴线、节点的夜景照明。功能性照明方面，市政道路照明总耗能巨大，节能潜力巨大，一直以来得到了城市管理部门的重视。城市夜景方面，世界上诸多名城均有令人难忘的夜景，甚至成为城市形象的代表。一方面，城市照明可以增加市民的夜间出行频率，有助于促进休闲、娱乐等消费，发展经济。另一方面，城市照明可以营造各种活动气氛、节假日气氛，给城市增光添彩。随着财富不断累积，国内的城市照明建设得到了长足发展，众多城市纷纷跟进，投资建设规模巨大。目前，城市照明已成为各地城市建设的一项基本内容，成为展示城市形象的一个重要方面，受到各级政府的重视和广大群众的普遍欢迎，涌现出了一大批展示城市夜间形象的代表工程，如西安大唐不夜城、上海陆家嘴、北京国贸 CBD、广州珠江两岸等（图 8-1）。

图 8-1　部分国内城市夜景

虽然城市功能性照明建设在统一规划、统筹执行的框架下更有望收获符合规定、节能环保的效果，但仍存在不少城市照明建设缺少统一的、科学的总体规划，从而导致这些城市出现功能照明不符合设计标准、能耗过高等问题，不利于暗天空保护。如图 8-2 所示，由于所选型的路灯"玉兰灯"不能将大部分光通量照射在路面上，使得路面照度低，为了维持足够的照度，不得不缩短灯杆间距，这种做法不仅浪费电能也造成较为严重的光污染。

图 8-2　高耗能的道路照明

良好的城市夜景通常是在照明规划指导下开展建设的，以期取得照明效果突出、主次分明、夜景轴线感和城市轮廓线鲜明的夜景建设效果，较好地表现城市人文与自然景观的特色以及城市的历史文化内涵。各个单位各自为政容易忽视照明设计的文化品位和与环境的和谐，导致景观照明没有重点，不分主次，单纯追求亮度、动态效果与彩色光，造成光污染以及电能严重浪费，与国家倡导的节约型社会目标相悖，难以实现碳中和目标（图 8-3）。因此，科学理性的城市照明规划十分重要。

图 8-3　高耗能、强污染的城市照明

8.1.2　照明规划的内容和意义

城市照明规划是以本城市或地区的建设和发展规划为依据，在认真调研分析该城市或地区自然和人文景观的构景元素的历史和文化状况及景观的艺术特征的基础上，按照城市照明的规律，对本城市或地区的城市照明建设作出的规划。

城市照明规划有总体规划和详细规划两个层次。

1. 城市照明总体规划

城市照明总体规划从宏观上提出对城市各级道路、广场、桥梁等公共空间的照明水平量化标准，对建筑、水体、植被、广告标识等构景元素提出相关的量化限制，并解决城市夜间景点的分布、景点之间的联系、主次的确立、性质特征及照明技术上的和人文活动的宏观问题，以及节假日景观系统问题，即在宏观上对艺术、技术、经济等因素进行限定。城市照明总体规划应当包括下列内容：

（1）根据城市总体规划确定规划范围与规划时限，依据相关专项规划明确城市性质及城市发展方向，确定规划指导思想与规划原则。

（2）通过对规划范围内现状城市照明状况进行实地调查测试，并作出现状评价与分析。

（3）提出城市照明规划定位与发展目标。

（4）城市功能性照明规划，通过对城市照明现状及其他功能性照明场所进行现场测量分析，明确道路照明的分级和照明标准、交通设施的照明原则、指引标识照明要求。

（5）依据城市总体规划中确立的景观构成，结合规划城市地理位置、自然景观与人文景观特色及现场踏勘获得的城市夜间活动需求，确定重要景观轴线与重要景观节点（包含城市门户、城市标志、桥梁景观及重要道路交叉节点等），提出景观照明布局及其规划要点，确定城市照明空间结构与布局。

（6）根据城市功能分区，划分城市不同区域的亮度等级、光色范围、是否许可动态照明等照明控制原则。

（7）根据夜间重要景观轴线与重要景观节点确定城市景观照明体系，做出城市夜间游览路线设计，为丰富城市夜间旅游提供依据。

（8）对城市照明分期建设提出指导性建议，对城市照明节能技术措施进行规定，并对防止光污染、光生态保护做出要求。

图8-4为某地城市照明总体规划中的一张图表，标识了该地夜景观轴线、重要节点，根据不同地块性质和位置进行了亮度等级划分。表8-1为照明规划中不同区域类型的光色控制规定。

图8-4 某地城市照明总体规划：景观轴线、重要节点以及亮度分区

区域类型与光色控制规定　　　　　　　　　　　　　　表 8-1

类型	主色调	彩色光	区域类型
商业娱乐区	暖黄色	不限制使用	商业小街区
商务金融区	暖白色、中性白	部分使用	核心商务区
休闲旅游区	暖黄色、暖白色	慎用	
历史文化区	暖黄色、暖白色	严格控制使用	
行政办公区	暖白色	严格控制使用	
教育科研区	暖白色、中性白	严格控制使用	创新园区、大学科技园、软件外包园、独立研发园、文化体育区
医疗卫生区	暖白色	严格控制使用	区内医院
工业与仓储物流	暖黄色	严格控制使用	码头、车站等
居住区	暖黄色、暖白色	严格控制使用	居住社区
自然生态区	暖黄色功能照明	严禁使用	生态绿地区

2. 城市照明详细规划

城市照明详细规划是城市照明总体规划的深化和细化，是以城市照明总体规划或分区规划为依据，按照城市总体规划已经确定的照明规划原则，详细规定各区域照明的各项指标，做出定点项目的概念性设计，提出城市照明的管理控制及维护规划要求，为照明建设项目提供设计依据。城市照明详细规划的主要内容包括以下几个方面：

（1）功能性照明的具体规划设计建议。

（2）重要景观轴线的概念性照明设计。

（3）重要设计对象（主要道路、广场、公园、地标、建筑等）的概念设计，包括照明部位、灯具、光源类型选择建议，提供示意性直观效果，不涉及电气设计。

（4）城市户外广告与标识照明的统一规划与控制。

（5）估算工程量造价、用电量分析投资效益。

（6）对规划区域内照明管理、控制及维护提出控制性建议。

图 8-5 为某地城市照明详细规划中对于该地景观轴线的夜景照明设计意向。

图 8-5　某地城市照明详细规划：景观轴线的夜景照明概念设计

3. 城市照明规划的意义

（1）龙头和指导作用

要把城市照明建设和管理好，首先必须把城市照明规划好。因此，城市照明规划成为城市照明建设和管理的龙头。同时，城市照明规划也是建设和管理城市照明的依据和必须遵循的指导性文件，具有很强的龙头和指导作用。

（2）保证作用

按规划进行城市照明建设，可保证城市照明的总体效果，将城市最美、最具特色的风貌展现出来，防止各自为政、各行其是、顾此失彼的现象发生。同时，也是提高城市照明工程质量，节能节资，使城市照明按计划建设、健康有序发展的重要保证。

（3）法治作用

经批准的规划具有法律效力，是政府及主管部门依法建设和管理的法律依据，具有法规性、严肃性、强制性的特点，任何人都得遵守。城市照明专项规划，一经政府批准，各单位和个人都得遵照执行，这是城市照明建设健康有序发展的法律保证，具有鲜明的法治作用。

（4）调控作用

鉴于城市照明项目多且分散的特点，建设时需要宏观调控的内容不少，若按规划把住审批关，就可以把握住建设项目宏观调控的主动权，克服盲目性，防止紊乱失控局面的出现。

（5）经营城市

城市照明规划使城市照明经营城市的作用得到更好的体现，良好的城市照明可以美化城市、改善投资环境、拉动旅游经济，只有在规划的指引下，才能使照明设施的投资效益最大化，使经营城市的作用发挥到最大。

8.2　城市照明节能与光污染防治

8.2.1　城市照明节能

能源问题是人类所面对的严峻挑战，尽可能减少能源消耗是缓解能源紧张问题的优选项之一。城市照明能耗巨大，以广州市2012年的城市照明数据为例，广州中心城区市政路灯总量约18.4万盏、节能灯5.1万盏，线路总长1.4万km，用电总负荷3.6万kW。城市照明节能主要从科学理性的规划设计、应用节能光源与高效灯具、合理控制方案、维护管理等四个方面着手。

1. 科学理性的规划设计

城市照明规划设计是城市照明的关键，没有理性的规划设计，先进的照明节能技术则无法发挥作用。功能性照明方面，通过科学理性的设计论证以满足国家照明设计标准为目标，不必盲目提高路面亮度，更不应为了追求路灯造型而牺牲照明效率，不建议大范围依附路灯安设耗能设备[55]。

城市夜景照明方式，城市夜景照明规划应本着理性适度原则进行制定，明确重要的景观轴线、重要节点等夜景照明设计对象，限制居住、科教文卫、工业等区域的景观照明建设。

针对不同地段特点制定不同的照明标准，实现分区规划和分级控制，降低运行能耗。图 8-6 为某城市针对重要的景观轴线以及重要节点进行的夜景照明。

图 8-6　夜景照明突出重要景观轴线与重要节点

在合理规划的基础上，通过亮度最大值以及照明功率密度约束建筑物立面夜景照明设计也是保证节能的有效方法，表 8-2 为建筑物立面夜景照明的功率密度限值。进行照明设计时，应提出多种符合照明标准的设计方案，进行综合技术、经济分析比较，从中选出技术先进、经济合理又节约能源的最佳方案。

建筑物立面夜景照明的功率密度值　　　　　　　表 8-2

建筑立面反射率	暗背景		一般背景		亮背景	
	照度（lx）	安装功率（W/m²）	照度（lx）	安装功率（W/m²）	照度（lx）	安装功率（W/m²）
60% ~ 80%	20	0.87	35	1.53	50	2.17
30% ~ 60%	35	1.53	65	2.89	85	3.78
20% ~ 30%	50	2.21	100	4.42	150	6.63

2. 应用节能光源与高效灯具

目前，高光效、长寿命的 LED 光源在城市照明中得到了推广应用，有助于降低城市照明能耗。此外，照明设备所涉及的电气配件，如驱动电源以及控制设备也应采用高效能产品。在灯具选型以及安装方式上，推荐选择光学设计更加合理、灯具效率更高的直接照明灯具，将大部分光通量分布在被照面上有利于提高光线利用效率，应避免光线逸散或漫无目的的漫射光。路灯照明能耗巨大，目前使用的集成光伏发电（或风力发电）的路灯能够发挥节能作用，此类灯具可以同时在直流与交流模式下工作，白天通过光伏发电并将电能储蓄在蓄电池中，夜间优先使用电池电能驱动 LED 光源工作，并可在午夜用电波谷时进行充电蓄能（图 8-7），在产生节能效益的同时有助于削峰填谷式用电。

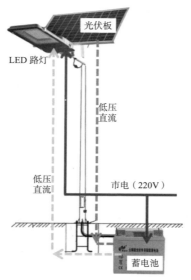

图 8-7　集成光伏发电功能的路灯

3. 合理控制方案

采用科学的照明控制方式和手段，实现城市功能性照明控制智能化，建立智能远程监控系统，对城市照明实行集中管理、集中监控和分时控制模式，科学合理安排照明开关时间，避免能源浪费现象，减少管理成本。随时根据车辆、行人、节假日及季节的变化调整开灯时段，采用全夜灯、半夜灯等多种节能手段，即亮灯至 23:00 点路灯全开启，23:00 后间隔熄灭一半路灯。

对城市景观照明实行平日、节日、重大节日三级控制。城市照明的启闭时间由市政主管部门确定，并向社会公布。景观照明采用自动化控制三遥系统（遥测、遥信、遥控功能），实现照明效果的远程全方位监控。

4. 维护管理

制定合理的养护管理制度，及时修复故障灯，定期更换已到寿命、光通量降低的光源，对老式防护级别低的灯具，定期进行清扫，以提高灯具光效；加强对旧路灯设施的巡修，及时发现并排除路灯电器、地下电缆漏电等故障，避免不必要的电能损耗，对现有高亮度、陈旧照明设施进行技术改造。

8.2.2　光污染防治

凡是由城市人工照明对自然环境、人们生活所引起的任何负面作用都可视为光污染，这些负面作用包括天空泛光、光侵入、光溢出、夜间视看干扰以及能源浪费等。光污染会对人及其居住环境、天文观测、自然生态、交通安全造成相当程度的危害。过高亮度的城市照明、不正确的照明方式以及非绿色照明灯具的使用，导致城市光环境深受光污染困扰。图 8-8 为夜间从高视角俯视都市的场景，可以明显看到强烈的溢出光，对于生态环境以及人们的生活均有干扰。

图 8-8　城市夜景照明的溢出光

　　防止城市夜景照明造成的光污染与光干扰的办法主要包括：

　　（1）限制建筑物立面亮度。通过限制立面亮度最大值，并控制立面照明功率密度的方式限制过度亮化。

　　（2）采用适宜的景观照明方式。灯具功率及配光应针对载体的体量、表面材质、环境亮度的特质进行合理选择，确保绝大多数光通量照射到目标位置，减少光逸散。

　　（3）根据城市的功能分区，对动态照明进行严格控制。

　　（4）道路照明广泛使用全截光的照明灯具，控制灯具的逸散光，减轻光污染。图 8-9说明了全截光灯具对于保护暗天空、防治光污染的作用。

　　（5）建立和健全防治光污染的监管机制，做好防治光污染的监督和管理工作。为此，夜景照明管理部门应及时建立相应制度和监管办法，做好夜景照明工程建设的光污染审查、鉴定和验收工作。

图 8-9　全截光灯具有利于减少光污染、保护暗天空

　　城市户外广告与标志的照明也是光污染与光干扰的主要源头，应遵守下列原则：

　　（1）应符合城市照明总体规划中对广告标志的要求，根据城市风貌、格局、功能统一规划，限制广告牌亮度，表 8-3 为广告、标识照明的亮度标准。

　　（2）建筑物上的广告、标识照明应与建筑物的结构特点、夜景照明的效果相协调。

　　（3）广告、标识照明应根据广告、标识内容、安装位置及周边环境特点选择不同的照明方式。

（4）广告、标识照明不应产生光污染，不得对周边环境产生干扰。

（5）广告、标识照明不得干扰通信设施、交通信号等公益设施的正常使用，不得影响机动车的正常行使。

（6）行政办公区（楼）、居民区（楼）不宜设置广告照明。

（7）城市主干道的两侧和风景区内不宜设置广告照明。

广告、标识照明的亮度标准 表8-3

广告、标识位置	画面亮度（cd/m²）
建筑物正立面和围墙上	<350
购物中心围墙上	<500
低亮度背景地段	<700
一般商业广告、加油站	<1000
闹市区和高层建筑上方	<1400
重要交通枢纽区域	<1700

附录 A　建筑光学实验

扫码看彩图

实验一：光学基础测量

实验名称：照度、亮度的测量

实验目的：熟悉照度计、亮度计的使用方法与读数，掌握仪器测量室内表面的照度、室内某点的亮度的方法。

实验内容：使用手持式照度计测量室内某表面照度，使用瞄点式亮度计测量某表面亮度，计算该表面的反射率，计算透射率。

实验环境和器材：照度计（以手持式照度计为例）、亮度计（以瞄点式亮度计为例）。

实验步骤：测量某一点或某一方向上的照度可直接使用照度计进行读数。如图 1 所示，使用手持式照度计测量桌面上某一点的照度，将照度计探头部分放置在桌面上相应位置，则可直接读取该位置上的平面照度值。部分型号的照度计在进行照度测量时需选择量程，应按照被测表面的照度值选择最接近的量程。

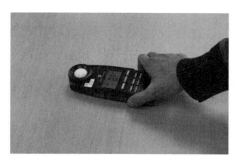

图 1　使用手持式照度计测量桌面上某一点的照度

如图 2 所示，手持瞄点式亮度计测量某一点的亮度，实验员需通过亮度计目镜对准测量点后按动扳机进行读数。某些高级亮度计可以根据待测目标的大小调整测量视角的大小。

图 2　使用瞄点式亮度计测量某一点的亮度

在漫射光环境下，建筑内常见材料可以被认为是漫反射材料，而对于漫反射材料而言，其表面光度值符合下列规律：

$$L = \frac{E \cdot \rho}{\pi}$$

式中　L——表面亮度；

　　　E——表面照度；

　　　π——圆周率；

　　　ρ——材料表面反射率。

因此，材料表面反射率为：

$$\rho = \frac{L \cdot \pi}{E}$$

据此，可以通过同时测量材料表面的亮度与照度计算得出该材料表面反射率。如图 3 所示，一位人员使用手持式照度计测量某表面的照度值，与此同时，另一位人员使用瞄点式亮度计测量该表面的亮度值（亮度测量点接近照度测量点），两个数值记录后可以得出 ρ。

对于漫射光条件下的玻璃等材料的透射率则可以在阴天时使用照度计进行测量，在光环境稳定时，使用照度计在窗玻璃外侧紧贴着玻璃表面测量照度值，然后迅速在窗玻璃内侧紧贴着玻璃测量照度值，内侧照度与外侧照度的比值就是透射率。

图 3　测量材料表面反射率

实验二：使用 HDR 图像测量环境亮度

实验名称：使用 HDR 图像测量环境亮度分布

实验目的：掌握通过数码相机测量环境亮度分布的方法，作为开展环境亮度、视觉舒适度分析的基础。

实验内容：使用数码相机以不同曝光程度连续拍摄某场景，通过 HDR 图像合成软件合成 HDR 格式图像，通过照度对图像亮度进行线性校正，最后取得数值准确的亮度分布信息。

　　实验环境和器材：数码相机（以全画幅数码单反相机为例）、镜头、电脑（以运行 mac OS 笔记本为例）、照度计、三脚架。

　　实验步骤：如图 4 所示，将照度计固定在数码相机上，使照度探头与相机镜头保持同一平面；将相机固定在三脚架上，相机取景为测量目标区域。相机白平衡设置为 daylight，ISO=100，设置固定光圈，曝光时间从 4s 至 1/4000s 连续拍摄，具体曝光时间为 4s、2s、1s、1/2s、1/4s、1/8s、1/16s、1/30s、1/60s、1/125s、1/250s、1/500s、1/1000s、1/2000s、1/4000s。拍摄开始前记录照度计读数，全部照片拍摄完成后再次记录照度计读数。

图 4　使用数码相机、照度计采集 HDR 图像测量亮度分布

　　将所拍摄的照片处理为 500pixel 的小尺寸图片，通过软件（如运行于 mac OS 上的 Photosphere）将一系列不同曝光时间的同场景图片合成一张 HDR 图片，并使用拍照前后测得的照度均值对 HDR 图像进行线性校准，即得到包含亮度信息的图片。图 5 为生成的亮度图像，该测试相机安装了全视角鱼眼镜头。

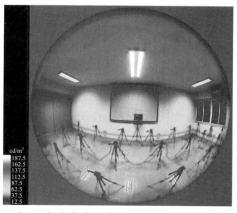

图 5　包含亮度信息的 HDR 图像伪色图

实验三：建筑遮阳分析

实验名称：建筑遮阳分析

实验目的：熟悉遮阳设计原理，掌握遮阳装置分析方法，明确项目所在地纬度、太阳高度角、方位角等参数在建筑遮阳分析中的作用，熟悉有效的遮阳措施。

实验内容：使用日晷仪在晴天室外环境中，对简易建筑模型开展遮阳测试与分析。测试一年中太阳高度角最高的夏至日、太阳高度角最低的冬至日太阳直射光照射建筑采光口的情况。

实验环境和器材：待测建筑缩尺模型（有遮阳装置）、日晷仪（以使用胶合板自制的日晷仪为例）、小型日晷仪太阳钟。如图 6 所示，使用胶合板可以制作日晷仪，整体结构中有三个轴可以转动，转动角标记为 α、β、θ，其中 α、θ 在一个平面内，β 转动平面与 α、θ 转动平面垂直，在日晷仪的置物面上固定一个小型日晷仪太阳钟用于指示测试时间。

实验步骤：明确项目所在地纬度，将小型日晷仪太阳钟的倾角调整为当地纬度。将日晷仪复原为初始状态（$\alpha=0$、$\beta=0$、$\theta=0$），将待测模型固定在置物面上，按照模型的实际朝向摆放日晷仪，此时小型日晷仪太阳钟指示时间为项目所在地实际时间。通过调节 α、θ 改变测试日期至目标日期（如春分日、夏至日、秋分日、冬至日），进而调节 β 改变测试时间（如 8:00 ~ 18:00），在这种测试条件下观察建筑缩尺模型的遮阳方案对应的室内日照情况，包括：是否有太阳直射光入射室内、不同时段上的入射情况等，并构思形成优化的遮阳设计方案。

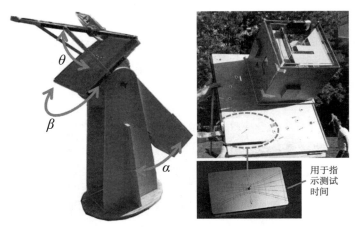

图 6　用于建筑缩尺模型测试的日晷仪

在室内开展遮阳分析则需要使用其他型号的日晷仪，图 7 为使用华南理工大学自主研发的紧凑型日晷仪开展建筑遮阳分析（已获专利授权）。该日晷仪自带可发出平行光线的发光装置，并可以固定在环形轨道上，用于模拟太阳方位角；环形轨道可以固定在能够设定倾角的支架上，用于模拟太阳高度角。

图 7　使用紧凑型日晷仪进行建筑遮阳分析

实验四：灯具照明效果观察与测试

实验名称：多种灯具照明效果观察与测试

实验目的：熟悉建筑照明常用灯具，了解不同类型灯具的配光情况（光束角等信息），对于色温、显色性等概念建立主观认识，通过实际感受了解灯光照明建筑表面的效果。

实验内容：现场观察各类型灯具的配光情况、了解灯具照明不同类型建筑表面的照明效果，通过已掌握的光环境测试技术对灯光照明效果进行照度、亮度测量。

实验环境和器材：具有不同材质表面的房间，不同色温、不同显色性、不同配光情况的射灯、筒灯、洗墙灯、泛光灯等多类型灯具。

实验步骤：该实验可以根据实际条件组织多种内容。如图 8 所示，通过灯具照明不同类

图 8　不同建筑表面的照明效果

型的墙面，对照明效果进行观察、了解、熟悉，通过体验加强对不同建筑表面材料类型照明效果的认识，为把控照明设计效果做积累。

灯具的配光是一个重要的知识点，如图 9 所示，通过观察不同配光（光束角）灯具的照明效果，对其有主观认识，帮助理解配光曲线以及基于配光曲线的概念，强化对射灯、泛光灯照明效果的认识。

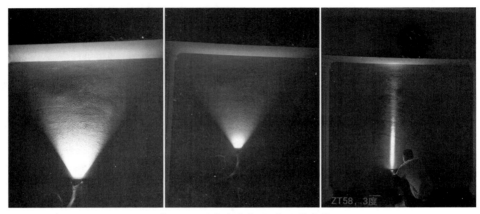

图 9　不同光束角灯具的照明效果

基于所掌握的光环境测试技巧，通过彩色照度计、照度计或 HDR 图像技术测量灯具的照明效果。图 10 为通过小型光谱测试仪器测量灯光的色温以及显色性，与之类似，推荐灵活设计实验，如通过现有仪器测量单套灯具下方不同距离的照度，多套灯具同时照明场景中某位置的照度；使用灯具照明某目标对象；使用亮度计测量某点亮度；使用 HDR 图像技术测量目标对象的亮度分布情况等，也建议通过主观评价的方式衡量灯具的照明效果。

图 10　测试光线色温与显色性

附录 B　重要知识点

概念	要点提示
光的本质	电磁波，可见光是一定波长范围内的电磁波
可见光波长范围	380nm ~ 780nm
单色光	单一波长的光，饱和度最高的颜色
复色光	几种单色光合成的光，天然光、大多数灯光属于复色光
光谱	组成复色光的若干单色光波长
光谱功率分布曲线	组成复色光的各单色光功率的相对值以曲线表示出来，横坐标为波长，纵坐标为相对光谱功率
眼睛的结构	角膜、虹膜、瞳孔、晶状体、视网膜、视神经等
椎体细胞	亮环境下工作的感光细胞，主要分布在视网膜黄斑上，可分辨颜色，灵敏度、分辨率高
杆体细胞	暗环境下工作的感光细胞，不能分辨颜色，灵敏度、分辨率低
明视觉	人眼在明亮环境中的视觉，椎体细胞发挥作用，能分辨颜色，灵敏度、分辨率高
暗视觉	人眼在暗环境中的视觉，杆体细胞发挥作用，不能分辨颜色，灵敏度、分辨率低
明适应	从暗环境进入亮环境的适应过程，会导致视觉不舒适
暗适应	从亮环境进入暗环境的适应过程，会导致视觉不舒适
视野范围	左右共 180°，上 60°，下 70°
眩光	过亮或过强的亮度对比导致的一种不良的视觉感受
眩光源	引起眩光感受的光源
失能眩光	程度严重的眩光，导致失去或部分失去视觉机能
不舒适眩光	程度不严重的眩光，导致视觉不舒适
直接眩光	眩光源直接出现在视野内
反射眩光	眩光源经过一次或两次反射后出现在视野内
天然光眩光	眩光源为天然光（如太阳直射光）的眩光类型
人工光眩光	眩光源为人工光（如灯光）的眩光类型
影响眩光程度的因素	眩光源面积大小、明亮程度、持续时间、眩光源在视野中的位置、亮度对比度、距离观察者的距离、空间场景、出现时间等
光谱光视效率	相同辐射功率不同波长的光，人眼产生的明亮感受不同。绘制形成的曲线称为光谱光视效率曲线
光谱光视效率曲线峰值对应波长	明视觉 555nm，暗视觉 507nm
光谱光视效率的作用	将辐射度量转换成光度量
光通量 Φ	光源发出光线的多少，标量，单位：lm
发光效率 η	电光源消耗 1W 电能发出的光通量，单位：lm/W，电光源节能指标

续表

概念	要点提示
发光强度 I	光通量在空间中某方向上的分布密度，矢量，单位：cd
照度 E	单位面积表面接受光通量的多少，矢量，单位：lx
水平照度 E_h	水平表面的照度，照度方向垂直向上
垂直照度 E_v	垂直表面的照度，照度方向水平向外
亮度 L	发光体的明亮程度，矢量，单位：cd/m^2
亮度对比度 C	前景与背景之间的亮度差与背景亮度的比值
E 和 I 的关系	$E=(I/r^2)\sin\theta$
E 和 L 的关系	相同照度，光反射率高的表面亮度高
光反射率	反射光通量与入射光通量之比
光透射率	透射光通量与入射光通量之比
反射类型	漫反射、定向反射、（宽）扩散反射、（窄）扩散反射、漫 + 定向反射、棱镜反射
透射类型	漫透射、定向透射、（宽）扩散透射、（窄）扩散透射、漫 + 定向透射、棱镜透射
非彩色	黑白灰，只有明度变化
彩色的三种特性	色调、明度、饱和度
色调	彩色彼此互相区分的特性
明度	人眼对颜色的明亮感受
饱和度	颜色的纯洁性，单色光是最饱和的彩色
光源色	光源发出的光直接进入眼睛产生的颜色感觉
物体色	光照到物体上，经物体反射或透射，进入眼睛产生的颜色感受
光源色三原色	红（R）、绿（G）、蓝（B）
色光混合规律	R+G=Y，R+B=M，G+B=C，R+G+B=W
物体色三原色	青（C）、品红（M）、黄（Y）
物体色混合规律	M+Y=R，M+C=B，Y+C=G，C+M+Y=K
CIE 1931 色度图	略，通过色坐标表示一个颜色
孟赛尔颜色系统	略，仅用于表示物体色
RGB 色彩模式	基于 R、G、B 三通道亮度配比（每通道 256 阶亮度）表示颜色
CMYK 色彩模式	基于 C、M、Y、K 四种颜色量值配比（每色 0 ~ 100 份）表示颜色
色温	单位：K，用黑体温度表示光的颜色
相关色温	光色不在黑体轨迹上，用与它们在视觉上最相似的黑体的色温来描述
冷色光	高色温光
暖色光	低色温光
显色性	光线忠实呈现物体颜色的能力
一般显色指数	符号：R_a，光线对于 8 种指定颜色的特殊显色性指数（$R_1 \sim R_8$）的均值

续表

概念	要点提示
建筑采光	有目的、受控制地利用天然光进行建筑室内照明
天然光组成	太阳直射光、天空散射光
太阳直射光特点	变化强烈，辐射强度大
天空散射光特点	辐射强度小，稳定
太阳轨迹	太阳在天空中位置的连线
太阳高度角	阳光入射方向与地平面的夹角，由地点和日期决定。北半球，夏至日太阳高度角最大，冬至日最小，春分日、秋分日位于中间位置
太阳方位角	略，主要决定因素为一天中的时间
天空状态	简称天况，由云量决定，分为晴天空、中间天空、全阴天
光气候	某地区天然光状况年度内分布典型特征，主要由直射光可利用率决定
全阴天模型	没有太阳，天空亮度分布特征：天顶亮度最高，向地平面方向逐渐降低，天顶亮度是地平面亮度的 3 倍
采光系数	DF，全阴天下室内某点照度与室外照度比值
采光系数平均值	DF_{avg}，室内各点采光系数的算数平均值
我国光气候分区	略，分 5 区，采光系数标准值与光气候分区相关
动态采光分析	在年周期上基于当地气候的动态天空模型分析建筑天然光环境的变化情况
自主采光阈	DA，年周期上、房间使用时段内，超过某限值的频率
采光阈占比	DA_{300lx} 超过 50% 的面积占房间总面积的比值
DGI	天然光眩光指数，一个评价天然光眩光的指标
DGP	天然光眩光概率，一个评价天然光眩光的指标
天然光利用率的受制因素	视觉舒适度、能耗
视觉舒适度	视觉系统对于周围环境的主观满意程度
HDR 图像	高动态范围图像，可以用于记录室内环境亮度
建筑采光设计步骤	略
遮阳时段	一年中建筑需要遮阳的时间范围
侧窗采光特点	略
天窗类型	矩形天窗、锯齿形天窗、平天窗
矩形天窗特点	易组织通风，不易出现眩光，采光效率低
锯齿形天窗特点	朝北时室内天然光照度稳定，具有遮阳性能
平天窗特点	采光效率高，易出现眩光，需配合遮阳措施，漏水
中庭采光的影响因素	略
导光管的作用	略
电光源参数	光源类型、功率、光通量、发光效率、色温、显色性指数、光源寿命、启动时间、频闪、光衰

续表

概念	要点提示
传统电光源	热辐射光源：白炽灯、卤钨灯；低压气体放电灯：荧光灯；高压气体放电灯：金卤灯、高压钠灯
传统电光源特点	略
灯具作用	略
配光曲线	表示光源或灯具发光强度分布的曲线
光束角	灯具 1/2 最大光强处的张角
直接形灯具	发出光线 9 成以上分布在下半球空间的灯具
间接形灯具	发出光线 9 成以上分布在上半球空间的灯具
防护等级	IPab，a 为防尘等级，b 为防水等级
灯具效率	灯具实际发出的光通量与光源所发出的光通量之比
灯具表面亮度	灯具出光口范围内的亮度均值
灯具遮光角	光源发光最边缘的一点和灯具出光口的连线与灯具出光口平面的夹角
LED	发光二极管，一种光源类型
LED 灯具优缺点	略
OLED	有机发光二极管，一种面光源，柔软可弯曲，亮度均匀
完全截光路灯	90° 以上空间发光强度为 0，且 80° 方向上发光强度不超过 100cd 的路灯类型
高质量室外人工光环境特点	略
高质量室内人工光环境特点	略
照度标准	略
照明质量标准指标	亮度分布、照度均匀度、色温和显色性、眩光等
照明节能指标	照明功率密度、照明耗电量
灯盘格栅的作用	减弱眩光
城市照明规划	略
城市照明总体规划内容	略
城市照明详细规划内容	略
城市照明规划意义	龙头和指导作用、保证作用、法治作用、调控作用、经营城市
城市照明节能措施	科学理性的规划设计、应用节能光源与高效灯具、合理控制方案、维护管理
光污染防治	略

参考文献

[1]   詹庆旋 . 建筑光环境 [M]. 北京：清华大学出版社，1988.

[2]   郝洛西 . 城市照明设计 [M]. 沈阳：辽宁科学技术出版社，2005.

[3]   张昕，徐华，詹庆旋 . 景观照明工程 [M]. 北京：中国建筑工业出版社，2006.

[4]   马剑 . 颐和园古典园林夜景照明技术研究 [M]. 天津：天津大学出版社，2009.

[5]   杨柳 . 建筑物理 [M]. 第五版 . 北京：中国建筑工业出版社，2021.

[6]   赵建平，罗涛 . 建筑光学的发展回顾（1953—2018）与展望 [J]. 建筑科学，2018，034（9）：125-129.

[7]   詹庆旋，等 . 建筑光学译文集 [M]. 北京：中国建筑工业出版社，1982.

[8]   杨光睿，罗茂羲 . 建筑采光和照明设计 [M]. 第二版 . 北京：中国建筑工业出版社，1988.

[9]   吴硕贤 . 光景学发凡 [J]. 南方建筑，2017（3）：10-12.

[10] Eugene Hecht. 光学 [M]. 第五版 . 秦克诚，林福成，译 . 北京：电子工业出版社，2017.

[11] 陈仲林，严永红 . 建筑光学教育研究 [J]. 高等建筑教育，2008（2）：1-3.

[12] Schuman J，Papamichael K，Beltran L，et al. Technology reviews：Lighting systems[J]. 1992.

[13] 荆其诚，等 . 色度学 [M]. 北京：科学出版社，1979.

[14] Rein.hart C F. Daylighting Handbook：Fundamentals，designing with the sun[M]. Building Technology Press，2014.

[15] Reinhart C F. Daylighting Handbook：Daylight simulations，dynamic façades[M]. Building Technology Press，2018.

[16] Tregenza P，Wilson M. Daylighting：Architecture and Lighting Design[M]. Routledge，2013.

[17] 郝洛西 . 光 + 设计：照明教育的实践与发现 [M]. 北京：机械工业出版社，2008.

[18] 沈天行 . 沈天行建筑物理学术论文选集 [M]. 天津：天津大学出版社，2013.

[19] 吴良镛 . 人居环境科学与景观学的教育 [J]. 中国园林，2004（1）：7-10.

[20] 吴硕贤 . 声音与听觉在人类文化传承中的作用 [M]// 中国建筑学会 . 中国建筑学会建筑物理分会第八届年会论文集 . 2000.

[21] 田余庆 . 东晋门阀政治 [M]. 北京：北京大学出版社，2005.

[22] 张廷玉 . 明史 [M]. 北京：中华书局，1974.

[23] 束越新 . 颜色光学基础理论 [M]. 济南：山东科学技术出版社，1981.

[24] 中华人民共和国住房和城乡建设部 . 建筑照明设计标准 GB 50034—2013[S]. 北京：中国建筑工业出版社，2014.

[25] 何荣 . 山地城市观景点视看夜间景观载体亮度研究 [J]. 照明工程学报，2002，13（4）：18-21.

[26] 郝洛西 . 同济大学建筑学专业"建筑物理"（光环境）教学成果专辑 [M]. 上海：同济大学出版社，2016.

[27] Bellia L，Bisegna F，Spada G. Lighting in indoor environments：Visual and non-visual effects of light

sources with different spectral power distributions[J]. Building and Environment，2011，46（10）：1984-1992.

[28] Andersen M，Mardaljevic J，Lockley S W. A framework for predicting the non-visual effects of daylight–Part I：Photobiology-based model[J]. Lighting research & technology，2012，44（1）：37-53.

[29] Mardaljevic J，Andersen M，Roy N，et al. A framework for predicting the non-visual effects of daylight–Part II：The simulation model[J]. Lighting Research & Technology，2014，46（4）：388-406.

[30] Terman J S，Terman M，Schlager D，et al. Efficacy of brief，intense light exposure for treatment of winter depression[J]. Psychopharmacology bulletin，1990.

[31] Lewy A J，Bauer V K，Cutler N L，et al. Morning vs evening light treatment of patients with winter depression[J]. Archives of general psychiatry，1998，55（10）：890-896.

[32] 林怡，曾宪宪，等. 基于情绪健康需求的教学楼公共空间光环境设计研究——以上海平和双语学校四号楼大厅照明改造设计为例 [J]. 华中建筑，2020（11）：69-74.

[33] 刘鸣，马剑，等. 动态干扰光对人的视觉、心理、情绪的影响 [J]. 人类工效学，2009（4）：21-24.

[34] 肖俊宏，马剑，等. 景观照明中色光情感的定量化实验 [J]. 天津大学学报，2010，43（1）：13-17.

[35] 郝洛西，林怡. 建筑物理光环境实验性教学模式的创新与实践 [J]. 建筑学报，2007（1）：10-13.

[36] 边宇，马剑. 减弱水面眩光对游泳馆场地照明不利影响的研究 [J]. 照明工程学报，2009，20（4）：23-26.

[37] 车念曾. 辐射度学和光度学 [M]. 北京：北京理工大学出版社，1990.

[38] 马剑，边宇. 半柱面照度指标在游泳馆场地照明设计中的应用 [J]. 照明工程学报，2009，20（1）：50-53.

[39] 郝允祥，陈遐举，张保洲. 光度学 [M]. 北京：中国计量出版社，2010.

[40] C.F. Reinhart，M. Andersen. Development and validation of a Radiance model for a translucent panel[J]. Energy and Buildings，2006（38）：890–904.

[41] Valdez P，Mehrabian A. Effects of Color on Emotions[J]. Journal of Experimental Psychology General，1994，123（4）：394-409.

[42] 边宇. 建筑采光 [M]. 北京：中国建筑工业出版社，2019.

[43] 罗涛，燕达，赵建平，等. 天然光光环境模拟软件的对比研究 [J]. 建筑科学，2011（10）：4-9，15.

[44] Comfort A，Youhotsky-Gore I，Pathmanathan K. Effect of Ethoxyquin on the Longevity of C_3H Mice[J]. Nature，1971，229（5282）：254-255.

[45] 张昕，杜江涛. 天然光研究与设计的"非视觉"趋势和健康导向 [J]. 建筑学报，2017（5）：87-91.

[46] 戴奇. 健康照明研究与应用新进展 [J]. 照明工程学报，2020，31（6）：1-1.

[47] 建筑采光设计标准 GB 50033—2013[S]. 北京：中国建筑工业出版社，2013.

[48] Axel Jacobs. Radiance Cookbook[M]. 2014.

[49] Hopkinson R G. Glare from daylighting in buildings[J]. Applied Ergonomics，1972，3（4）：206-215.

[50] Wienold J，Christoffersen J. Evaluation methods and development of a new glare prediction model for daylight environments with the use of CCD cameras[J]. Energy and Buildings，2006，38（7）：743-757.

[51]　https：//www.radiance-online.org/learning/documentation/manual-pages/pdfs/evalglare.pdf/view.

[52]　中华人民共和国住房和城乡建设部.城市道路照明设计标准 CJJ 45—2015[S].北京：中国建筑工业出版社，2016.

[53]　中华人民共和国住房和城乡建设部.城市夜景照明设计规范 JGJ/T 163—2008[S].北京：中国建筑工业出版社，2009.

[54]　中华人民共和国住房和城乡建设部，国家质量监督检验检疫总局.室外作业场地照明设计标准 GB 50582—2010[S].北京：中国计划出版社，2010.

[55]　马剑，边宇，王秀锦，等.应用 GIS 的城市夜景照明规划支持系统研究 [J].照明工程学报，2007（1）：13-16.